高等学校土木类专业新工科数智化系列教材

钢结构习题解答

主　编　舒兴平
副主编　袁智深　李　毅
主　审　王元清

湖南大学出版社
·长沙·

图书在版编目(CIP)数据

钢结构习题解答/舒兴平主编．--长沙：湖南大学出版社，2025.6.--ISBN 978-7-5667-4020-5

Ⅰ．TU391-44

中国国家版本馆 CIP 数据核字第 2025VQ0765 号

钢结构习题解答

GANG JIEGOU XITI JIEDA

主　　编：舒兴平
策划编辑：卢　宇
责任编辑：张佳佳
印　　装：长沙创峰印务有限公司
开　　本：787 mm×1092 mm　1/16　**印　　张**：8.75　**字　　数**：219 千字
版　　次：2025 年 6 月第 1 版　**印　　次**：2025 年 6 月第 1 次印刷
书　　号：ISBN 978-7-5667-4020-5
定　　价：32.00 元

出 版 人：李文邦
出版发行：湖南大学出版社
社　　址：湖南·长沙·岳麓山　**邮　　编**：410082
电　　话：0731-88822559(营销部)，88821315(编辑室)，88821006(出版部)
传　　真：0731-88822264(总编室)
网　　址：http://press.hnu.edu.cn

前　言

根据高等学校土木工程学科专业指导委员会制定的专业培养方案，钢结构基本原理和钢结构设计均为土木工程专业的主干专业课。本书作为湖南大学出版社 2022 年 8 月出版的《钢结构基本原理》和 2024 年 2 月出版的《钢结构设计》教材配套用书，对两书各章节后面的思考题和习题进行了详细解答。

参加本书编写的人员：

第一部分（钢结构基本原理习题解答）：湖南大学舒兴平、长沙理工大学李毅（第 1 章），长沙理工大学蒋友宝（第 2 章），湖南大学杜运兴（第 3 章），中南林业科技大学袁智深、湖南城市学院贺冉（第 4 章），中南大学王莉萍、周期石（第 5 章），长沙理工大学陈伏彬、湖南工学院曾欢艳（第 6 章），湖南科技大学卢倍嵘、国防科技大学刘希月（第 7 章），湖南大学贺拥军、湖南城市学院王继新（第 8 章），湖南城市学院张再华、重庆大学柯珂（第 9 章），湖南大学刘艳芝、浙江树人大学姚尧（第 10 章），湖南大学周云、山东科技大学邓芃（第 11 章）。

第二部分（钢结构设计习题解答）：湖南大学舒兴平、长沙理工大学李毅（第 1 章和第 4 章），湖南大学杜运兴、湖南工学院曾欢艳（第 2 章），湖南大学贺拥军、湖南城市学院王继新（第 3 章），中南大学周凌宇、王莉萍、江力强（第 5 章），湖南大学曹亮、周政（第 6 章），中南林业科技大学袁智深、浙江树人大学姚尧（第 7 章），湖南大学刘艳芝、湖南城市学院贺冉（第 8 章），湖南大学周云、国防科技大学刘希月（第 9 章），中南大学余玉洁、周期石（第 10 章），长沙理工大学蒋友宝、王福明（第 11 章），湖南科技大学卢倍嵘、湖南城市学院张再华（第 12 章）。

全书由舒兴平统稿，袁智深和李毅协助整理了全部书稿；清华大学王元清教授仔细审阅了本书，湖南大学沈蒲生教授对本书的编写给予了宝贵的指导。本书在编写过程中得到了湖南大学出版社卢宇编审和张佳佳老师的大力支持和帮助，在此对各位老师的倾心付出表示衷心的感谢。本书还引用了其他有关单位的资料，对此一并致谢。

本书可作为土木工程专业本科生的学习辅导教材，也可作为钢结构技术工作者和土建人员的参考书。

限于编者水平，书中不妥之处在所难免，敬请读者批评指正。

编　者

2024 年 7 月

目　录

第一部分
钢结构基本原理

第 1 章　绪论

思考题

1-1　什么是钢结构？

答：钢结构是以钢材为主制作的结构，通常由型钢和钢板等制作成构件，然后用焊缝、螺栓或铆钉连接而成。

1-2　什么是冷弯薄壁型钢结构？

答：由带钢或钢板经冷加工形成的薄壁型材制作的结构称为冷弯薄壁型钢结构。

1-3　为什么钢材符合连续、均匀、各向同性假设？

答：钢材的晶体结构都具有不同程度的空隙，并可能存在气孔、杂质等，但这些空隙的大小与钢结构的尺寸相比，都是极其微小的，因而其影响可以略去不计，通常认为钢材的晶体结构是密实的，钢材符合材料力学的连续性假设。同理，钢材也符合材料力学的均匀性假设。构成钢材的晶体的力学性能是有方向性的，但由成千上万个随机排列的晶体所组成的金属材料，其力学性能是无数个随机排列的晶体的力学性能的统计平均值，这个统计平均值一般情况下为统计各向同性，所以认为钢材符合各向同性假设。

1-4　钢结构要安全可靠地工作须满足什么要求？

答：①具有足够的强度。即在荷载作用下，钢构件和连接应不至于破坏(断裂或失效)。

②具有足够的刚度。即在荷载作用下，钢构件和结构所产生的变形应不超过工程上允许的范围。

③满足稳定性的要求。即钢构件和结构承受荷载时在其原有形态下的平衡应保持为稳定的平衡。

1-5　什么是钢材的晶体结构？

答：钢材的晶体结构是指由排列成一定规则的金属原子或离子构成的金属材料结构。

1-6　什么是钢材的力学性能？

答：钢材的力学性能是指钢材受力后呈现的特性，包括抗拉性能、冲击韧性、抗疲劳性等。

1-7　钢结构的优缺点是什么？

答：

优点包括：①轻质高强；②塑性和韧性好；③材质均匀；④抗震性能好；⑤构件加工

制造简便，施工周期短；⑥具有良好的水密性和气密性。

缺点包括：①耐腐蚀性较差；②耐热但不耐火；③低温下易发生脆性断裂。

1-8　钢结构的应用范围有哪些？

答：①多高层建筑；②空间结构；③工业厂房；④高耸结构；⑤轻钢结构；⑥板壳结构；⑦其他特种结构。

1-9　钢结构有哪些设计规范、规程和标准？

答：按照适用范围，我国的工程建设标准可分为国家标准、行业标准、地方标准、团体标准和企业标准。按执行效力，可分为强制性标准和推荐性标准。

我国建筑钢结构设计施工方面的标准主要有《钢结构设计标准》(GB 50017—2017)、《冷弯薄壁型钢结构技术规范》(GB 50018—2002)、《钢结构工程施工质量验收标准》(GB 50205—2020)、《高层民用建筑钢结构技术规程》(JGJ 99—2015)、《门式刚架轻型房屋钢结构技术规范》(GB 51022—2015)、《空间网格结构技术规程》(JGJ 7—2010)等。国际标准化组织(ISO)也制订了《钢结构　第1部分：材料和设计》(ISO 10721-1—1997)，供各会员国参考。

1-10　什么是钢结构的构造要求？

答：钢结构的构造要求是指除计算以外，满足钢结构安全的附加措施。

第2章　钢结构的分析和设计方法

2-1　说明建筑结构的功能要求包括哪些内容。

答：功能要求包括安全性、适用性、耐久性。

①安全性。结构安全性指的是结构能承受在正常施工和正常使用时有可能出现的各种荷载、外加变形等作用，在偶然事件发生时或发生后仍能保持必要的整体稳定性。

②适用性。结构适用性是指结构在正常使用荷载作用下具有良好的工作性能，满足预定的使用要求，如不产生过大的影响正常使用的变形等。

③耐久性。结构的耐久性是指结构在正常维护下，随时间的变化仍能满足预定的功能要求，如不发生严重的腐蚀而影响结构的使用寿命等。

2-2　钢结构的极限状态分为哪几种？各自的判断依据主要有哪些？

答：钢结构的极限状态可以分为承载能力极限状态和正常使用极限状态。

(1)承载能力极限状态

承载能力极限状态指的是整个结构或结构中的构件达到了最大承载能力或者产生了不适于继续承载的不可恢复的变形的状态。若结构或者结构的任一构件出现下述状态之一时，即可认为结构或构件达到了承载能力极限状态。

①构件和连接发生强度破坏、脆性断裂。

②因变形过度而不适合继续承载。

③结构或构件已经丧失稳定。

④结构转变为机动体系。

⑤结构发生倾覆。

(2)正常使用极限状态

正常使用极限状态指的是结构或构件达到正常使用或耐久性能的某项规定限值时的极限状态。结构或构件如果出现下列任一状态时，即可认为结构或构件达到了正常使用极限状态。

①影响结构、构件和非结构构件正常使用或外观的变形。

②影响正常使用的振动。

③影响正常使用或耐久性能的局部破坏。

2-3　试解释什么是一阶弹性分析，什么是二阶弹性分析。两者有何区别？

答：忽略几何非线性对于结构的内力和变形产生的影响，依据未变形时的结构建立平衡条件，根据弹性阶段来分析结构的内力和位移，称之为一阶弹性分析。

考虑几何非线性对结构内力和变形产生的影响，依据已经发生变形的结构建立平衡条件，根据弹性阶段来分析结构的内力和位移，称之为二阶弹性分析。

相比于一阶弹性分析，二阶弹性分析力的平衡条件是根据结构或构件在发生变形之后的杆件轴线建立的。

2-4 初始缺陷是什么？包含哪几种情况？

答：初始缺陷是与理论的计算模型相比，在未受荷载作用前即已存在于实际杆件中的各种缺陷，包括结构的整体初始几何缺陷和构件初始几何缺陷(初弯曲)、残余应力及初偏心。

2-5 什么是失效概率？什么是可靠指标？二者有何联系？

答：

失效概率：结构在规定的时间内、在规定的条件下不能完成预定功能的概率。

可靠指标：衡量结构可靠度的一个指标，它是标准正态分布反函数在可靠概率处的函数值。

失效概率 P_f 与可靠指标 P_s 在数值上有一一对应的关系，满足：$P_f+P_s=1$。

2-6 什么是结构的可靠性？什么是可靠度？

答：结构的可靠性包括结构的安全性、适用性、耐久性。结构的可靠性是指结构在规定的时间内、在规定的条件下完成预定功能的能力。结构可靠度则是对结构可靠性的概率度量。

2-7 什么是概率极限状态设计法？其主要特点是什么？

答：概率极限状态设计法，是指以概率理论为基础，视荷载效应和影响结构抗力的主要因素为随机变量，根据统计分析确定可靠概率来度量结构可靠性的设计方法。

这种设计方法的特点是有明确的、用概率尺度表达的结构可靠度的定义，预先规定了可靠指标，使得结构各构件之间，以及不同材料组成的结构之间有较为一致的可靠度水准。

2-8 试说明承载能力极限状态设计表达式是如何保证结构可靠度的。

答：按照《钢结构设计标准》(GB 50017—2017)，应该考虑作用效应的基本组合，必要时还需要考虑作用效应的偶然组合，其一般表达式为 $\gamma_0 S \leqslant R$。式中：γ_0 为结构重要性系数；S 为结构效应组合的设计值；R 为结构构件抗力的设计值，应按各有关建筑结构设计规范的规定确定。

γ_0、S、R 均考虑了可靠度要求：

①结构重要性系数 γ_0：考虑结构目标可靠度随结构重要性等级变化的系数。

②结构效应组合的设计值 S：按目标可靠度要求，对效应标准值作了一定放大(设计值=分项系数×标准值)。

③结构构件抗力的设计值 R：按目标可靠度要求，取值比实际构件抗力标准值小(设计值=标准值/分项系数)。

第3章 钢结构的材料及其性能

3-1 碳素结构钢和低合金结构钢的定义分别是什么？其工作性能是如何受生产和加工过程影响的？

答：碳素结构钢是在纯铁中添加适量的碳而获得的钢材。低合金结构钢是在碳素结构钢中添加总量不超过5%的其他合金元素而获得的钢材。

热轧成型将提高钢材质量，原因是在热轧成型过程中，一些存在于钢锭中的微观缺陷，如小气泡和裂纹等，经多次辊轧而弥合，细化了钢材中的晶粒，使钢材组织更加紧密。冷加工会使得钢材产生冷作硬化现象，即钢材的强度和硬度在局部或整体上有所提高，但塑性和韧性却降低。钢的热处理通过加热、保温和冷却固态范围的钢，改变其内部组织结构，进而提高钢材性能。

3-2 钢材有哪几项主要的力学性能指标？各项指标用来衡量钢材的哪些性能？

答：

屈服强度 f_y：钢材的强度指标。弹性设计时，一般当纤维应力达到屈服点时，可以认为强度已经达到限值。

抗拉强度 f_u：钢材的强度指标，是 $\sigma-\varepsilon$ 曲线上最高点的应力，即由试件拉伸时最大荷载除以试件未变形前的截面积 A_0 而得。实际工程中一般以屈服强度为限值，所以 f_u 与 f_y 的差值可作为构件的强度储备。

伸长率：可以衡量钢材的塑性性能，伸长率越大，钢材断裂前发生塑性变形的能力越好。

断面收缩率：塑性指标，断面收缩率越高，说明钢材塑性越大。

冲击韧性：衡量钢材抗脆性破坏的能力。

3-3 碳、硫、磷、氧、氮、氢元素对钢材的性能各有什么影响？

答：含碳量越高，钢的强度、硬度就越高，但塑性、韧性也会随之降低。当含碳量大于1.0%后，强度反而下降。

对钢材而言，硫和磷都是有害杂质。含硫量增大，会降低钢材的塑性、冲击韧性、疲劳强度和抗锈性等性能。硫与铁会生成易于熔化的硫化铁。在钢材热加工或电焊过程中，硫化铁的熔化会在钢材内部形成微小裂纹，产生"热脆"。磷可以提高钢材的强度和抗锈性，但是会降低钢材的塑性。尤其是磷会使钢材在低温时变脆，即发生"冷脆"现象。

氧、氮和氢也都是有害杂质。氧和氮都会使钢的晶粒粗细不均，氧和硫一样还会使钢热脆，氮则与磷相似会使钢冷脆。氢使钢产生裂纹。

3-4　什么是钢材的蓝脆现象？

答：蓝脆现象是指当温度在250 ℃左右时，钢材的抗拉强度有局部性提高，但是伸长率和断面收缩率均降至最低。

3-5　高温对钢材的力学性能有哪些影响？

答：当温度在250 ℃左右时，钢材会出现蓝脆现象，即抗拉强度有局部性提高，但是伸长率和断面收缩率均降至最低。

当温度上升到600 ℃时，钢材的塑性急剧上升，但是强度几乎为零，钢材处于热塑性状态。

当温度低于常温时，钢材的强度随着温度的降低而提高，但是塑性和韧性均降低，出现低温冷脆。

3-6　选择钢材时应考虑哪些综合因素？

答：当构件承受动力荷载或在低温下工作时，应选用高质量的钢材。当构件或结构由于承受静力荷载而受拉、受弯时，宜采用较薄的型钢和板材。当型材或板材的厚度较大时，应选用较高质量的钢材以防出现脆性破坏。

对于承重结构，为了保证钢材的伸长率、屈服强度等指标，应控制钢材的硫、磷含量。作为焊接结构，除了满足上述条件外，尚应具有含碳量的合格保证。焊接承重结构以及重要的非焊接承重结构，其钢材还应具有冷弯试验的合格保证。当构件直接承受动力荷载或需验算疲劳时，还应满足冲击韧性的要求。

3-7　钢材在什么情况下会产生应力集中？对材料的性能有什么影响？

答：应力集中是指构件的局部由于截面面积急剧改变而产生应力高峰的现象，多出现于尖角、孔洞、缺口、沟槽处。应力集中会引起脆性材料断裂，使脆性和塑性材料产生疲劳裂纹。

3-8　何谓钢材的疲劳破坏？钢材疲劳破坏的特点是什么？

答：疲劳破坏是指钢材或钢构件在连续反复荷载作用下发生破坏时，其应力小于极限强度甚至屈服强度。

疲劳破坏有以下特点：①疲劳破坏是脆性断裂，但是不同于一般脆断的瞬间断裂，疲劳破坏是有寿命的破坏，即延时破坏。②不同于一般脆性断口，疲劳破坏的断口可分为光滑区和粗糙区两部分。光滑区是由于微观裂纹在连续反复作用力下逐步扩展，裂纹两侧的材料时而相互挤压时而分离形成的；表面呈颗粒状的粗糙区是由撕裂作用形成的。裂纹在长期连续反复应力作用下日益扩展使构件截面被逐渐削弱，直至截面残余部分不足以抵抗破坏时，构件会突然断裂。③缺陷对疲劳的影响很大。这是因为缺陷部位会加重应力集中现象，加剧裂纹的萌生和扩展。

3-9　如何确定钢材的质量等级？

答：根据国家标准《碳素结构钢》(GB/T 700—2006)，钢材可分为4种牌号，即Q195、Q215、Q235和Q275。当板材厚度不超过16 mm时，相应牌号钢材的屈服强度分别为195 N/mm^2、215 N/mm^2、235 N/mm^2、275 N/mm^2。含碳量小于0.22%的Q235是低碳钢，其强度适中，塑性、韧性均较好。Q235钢材又分为A、B、C、D共4个质量等级，字母顺序越靠后的质量等级越高。除了A级，其他3个级别的含碳量均在0.20%以下，焊接性能也很好。

《低合金高强度结构钢》(GB/T 1591—2008)中的钢有 8 种牌号，即 Q345、Q390、Q420、Q460、Q500、Q550、Q620 和 Q690。其中 Q345、Q390 和 Q420 划分为 A、B、C、D、E 共 5 个质量等级，按字母顺序由 A 到 E，钢材质量变高。

国家标准《建筑结构用钢板》(GB/T 19879—2015)中主要有 9 种建筑结构用钢板牌号，即 Q235GJ、Q345GJ、Q390GJ、Q420GJ、Q460GJ、Q500GJ、Q550GJ、Q620GJ 和 Q690GJ。其中每个强度级别中又分为 Z15、Z25 和 Z35 三个等级的 Z 向钢和非 Z 向钢。由于冲击试验要求不同，每个牌号又分为不同质量等级。

3-10　钢材的力学性能根据厚度分类的原因是什么？结构中选用钢材时如何考虑板厚的影响？

答：钢材的强度按板厚分组，原因是经过多次辊轧的热轧薄板和壁厚较薄的热轧型钢，钢材性能得到显著改善，其强度、塑性、韧性和焊接性能均优于厚板和厚壁型钢。

在实际工程中，厚钢板受到沿厚度方向的拉力作用而可能产生层状撕裂。因此，如果钢板厚度大于 40 mm，宜根据国家标准《厚度方向性能钢板》(GB/T 5313—2023)采用在厚度方向有抗层状撕裂性能的 Z 向钢板。

第 4 章　轴心受力构件

一、思考题

4-1　理想轴心受压构件整体失稳的类型有哪些？分别对应哪些类型的截面？

答：(1)整体失稳类型：①弯曲屈曲；②扭转屈曲；③弯扭屈曲。

(2)对应的截面类型：双轴对称截面屈曲和单轴对称截面绕非对称轴屈曲通常为弯曲屈曲，十字形截面通常发生扭转屈曲，单轴对称截面绕对称轴屈曲通常为弯扭屈曲。

4-2　什么叫作格构式轴心受压构件？格构式轴心受压构件由哪些零件组成？

答：两个或两个以上相同截面的槽钢、工字钢、角钢等构件(分肢)通过横向连接角钢或钢板形成的轴心受压组合构件，叫作格构式轴心受压构件。格构式轴心受压构件分肢间通过角钢或钢板相连(统称缀材)，当缀材为角钢时简称缀条柱，当缀材为钢板时简称缀板柱。

4-3　哪些因素影响轴心受压构件的稳定系数？

答：初弯曲、初偏心、残余应力、杆端约束、构件长细比 λ 和构件几何截面特性等因素。

4-4　轴心受压构件的验算内容有哪些？

答：对轴心受压构件需进行强度、整体稳定、局部稳定(均属于承载能力极限状态)和刚度(正常使用极限状态)的验算。

4-5　影响轴心受压构件稳定极限承载力的初始缺陷有哪些？在钢结构设计中应如何考虑？

答：(1)初始缺陷：初弯曲、初偏心、残余应力和材质不均等。其中初弯曲和初偏心统称为几何缺陷。

(2)在钢结构设计中应选取合适的长细比，采用合理的截面形状和尺寸比例，选用材质较好的钢材，以尽量减少初始缺陷所带来的不稳定因素。

4-6　为什么要对实腹式轴心受压构件进行局部稳定验算？焊接 H 形截面轴心受压构件的局部稳定如何计算？

答：(1)实腹式轴心受压构件由若干矩形平面板件构成，在轴心压力作用下，这些板件一般承受均匀压力。如果这些板件的平面尺寸很大，而厚度又相对很薄(即宽厚比较大)时，在均匀压力作用下，板件有可能在达到强度承载力之前就已发生局部鼓曲或凹陷(即发生局部失稳)。因此，要对实腹式轴心受压构件进行局部稳定验算。

(2)验算方法：当 λ 在 30～100 时，《钢结构设计标准》(GB 50017—2017)采用下列简化的直线式表达：

$$\text{翼缘：}\frac{b'}{t}\leqslant(10+0.1\lambda)\varepsilon_k$$

$$\text{腹板：}\frac{h_0}{t_w}\leqslant(25+0.5\lambda)\varepsilon_k$$

式中，$\varepsilon_k=\sqrt{\dfrac{235}{f_y}}$，$\lambda$ 为构件两方向长细比的较大值。《钢结构设计标准》(GB 50017—2017)规定：当 $\lambda<30$ 时，取 $\lambda=30$；当 $\lambda>100$ 时，取 $\lambda=100$。

4-7　实腹式轴心受压构件和格构式轴心受压构件的设计步骤有何异同?

答：(1)相同处：①均需先对截面进行选择，确定截面形式、尺寸与回转半径；②都要进行截面稳定性计算；③都需考虑构造要求。

(2)不同处：①格构式构件需要确定分肢间距；②格构式构件需要对分肢稳定进行验算；③格构式构件需要对缀材进行计算。

4-8　格构式轴心受压构件的稳定计算中，对长细比计算有何规定？为什么?

答：(1)对格构式构件来说，当绕虚轴失稳时，因肢件之间不连续，只采用缀条或缀板联系，剪切变形较大，剪力引起的附加影响不能忽略，同时也是为了借用实腹式轴压构件弯曲屈曲的计算公式计算格构式轴压构件绕虚轴的整体稳定，通常采用换算长细比 λ_{0x} 来代替实际长细比 λ_x，以考虑缀材剪切变形对格构式轴心受压构件绕虚轴的稳定承载力的影响。

当构件为缀条时，

$$\lambda_{0x}=\sqrt{\lambda_x^2+27\frac{A}{A_{1x}}}$$

当构件为缀板时，

$$\lambda_{0x}=\sqrt{\lambda_x^2+\lambda_1^2}$$

式中，A_{1x} 为构件截面中垂直于 x 轴的各斜缀条毛截面面积之和，$\lambda_1=l_{01}/i_1$ 为分肢对最小刚度轴的长细比。

(2)格构式轴心受压构件的分肢既是组成整体截面的一部分，在缀件节点之间又是一个单独的实腹式受压构件。所以，对格构式构件除需作为整体计算其强度、刚度和稳定外，还应计算各分肢的强度、刚度和稳定，且应保证各分肢失稳不先于格构式构件整体失稳。由于初弯曲等缺陷的影响，格构式轴心受压构件受力时呈弯曲变形，故各分肢内力并不相同，其强度或稳定计算是相当复杂的。经对各类型实际构件(取初弯曲 $l/500$)进行计算和综合分析，为简化起见，《钢结构设计标准》(GB 50017—2017)规定分肢的长细比满足下列条件时可不计算分肢的强度、刚度和稳定：

当缀件为缀条时，

$$\lambda_1\leqslant0.7\lambda_{max}$$

当缀件为缀板时，

$$\lambda_1\leqslant0.5\lambda_{max}\text{ 且不大于 }40$$

式中，λ_{max} 为构件两方向长细比(对虚轴取换算长细比)的较大值，当 $\lambda < 50$ 时，取 $\lambda = 50$。

二、习题

4-1 图 4-32 所示两种焊接 H 形截面，板件均为焰切边，截面面积相等，钢材均为 Q235。当用作长度为 6 m 的两端铰接的轴心受压构件时，试计算承载力设计值各是多少，并验算局部稳定是否满足要求。

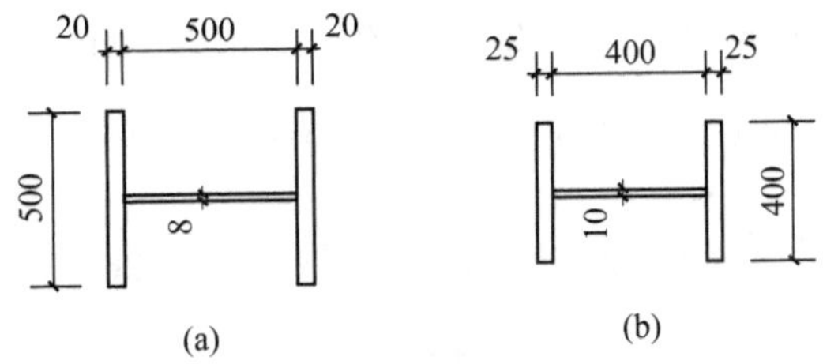

图 4-32 习题 4-1 附图

解：(1)(a)截面

①设计承载力 N_u

$$A = 2\times50\times2+50\times0.8 = 240(\text{cm}^2)$$

$$I_x = \frac{1}{12}\times[50\times(50+2\times2)^3-(50-0.8)\times50^3] = 143\ 600(\text{cm}^4)$$

$$I_y = \frac{1}{12}\times(2\times2\times50^3+50\times0.8^3) = 41\ 668.8(\text{cm}^4)$$

$$i_x = \sqrt{\frac{143\ 600}{240}} \approx 24.46(\text{cm})$$

$$i_y = \sqrt{\frac{41\ 668.8}{240}} \approx 13.18(\text{cm})$$

$$\lambda_x = \frac{l_{0x}}{i_x} = \frac{600}{24.46} \approx 24.53$$

$$\lambda_y = \frac{l_{0y}}{i_y} = \frac{600}{13.18} \approx 45.52$$

由于翼缘为焰切边，因此不论对 x 轴还是 y 轴都属于 b 类截面，因 $\lambda_y > \lambda_x$，$\lambda_y/\varepsilon_k = 45.52\Big/\sqrt{\frac{235}{235}} = 45.52$，查教材附表 3-2，并通过插值法计算得 $\varphi = 0.876$。

由翼缘厚度 t=20 mm>16 mm，查教材附表 2-1 知 $f = 205\ \text{N/mm}^2$，则

$$N_u = \varphi A f = 0.876\times240\times10^2\times205 = 4\ 309\ 920(\text{N}) = 4\ 309.92(\text{kN})$$

②局部稳定验算

翼缘外伸部分：

$$\frac{b'}{t} = \frac{(500-8)/2}{20} = 12.3 < (10+0.1\lambda_{max})\varepsilon_k = (10+0.1\times45.52)\times\sqrt{\frac{235}{235}} = 14.552$$

满足局部稳定要求。

腹板：

$$\frac{h_0}{t_w}=\frac{500}{8}=62.5>(25+0.5\lambda_{max})\varepsilon_k=(25+0.5\times 45.52)\times\sqrt{\frac{235}{235}}=47.76$$

不满足局部稳定要求。

(2)(b)截面

①设计承载力 N_u

$$A=2\times 40\times 2.5+40\times 1=240(\text{cm}^2)$$

$$I_x=\frac{1}{12}\times[40\times(40+2.5\times 2)^3-(40-1)\times 40^3]=95\ 750(\text{cm}^4)$$

$$I_y=\frac{1}{12}\times(2\times 2.5\times 40^3+40\times 1^3)=26\ 670(\text{cm}^4)$$

$$i_x=\sqrt{\frac{95\ 750}{240}}\approx 19.97(\text{cm})$$

$$i_y=\sqrt{\frac{26\ 670}{240}}\approx 10.54(\text{cm})$$

$$\lambda_x=\frac{l_{0x}}{i_x}=\frac{600}{19.97}\approx 30.05$$

$$\lambda_y=\frac{l_{0y}}{i_y}=\frac{600}{10.54}\approx 56.93$$

由于翼缘为焰切边，则不论对 x 轴还是 y 轴都属于 b 类截面，因 $\lambda_y>\lambda_x$，$\lambda_y/\varepsilon_k=56.93\Big/\sqrt{\frac{235}{235}}=56.93$，查教材附表 3-2，并通过插值法计算得 $\varphi=0.823$。

由翼缘厚度 $t=25$ mm>16 mm，查教材附表 2-1 知 $f=205\ \text{N/mm}^2$，则

$$N_u=\varphi Af=0.823\times 240\times 10^2\times 205=4\ 049\ 160(\text{N})=4\ 049.16(\text{kN})$$

②局部稳定验算

翼缘外伸部分：

$$\frac{b'}{t}=\frac{(400-10)/2}{25}=7.8<(10+0.1\lambda_{max})\varepsilon_k=(10+0.1\times 56.93)\times\sqrt{\frac{235}{235}}=15.693$$

满足局部稳定要求。

腹板：

$$\frac{h_0}{t_w}=\frac{400}{10}=40<(25+0.5\lambda_{max})\varepsilon_k=(25+0.5\times 56.93)\times\sqrt{\frac{235}{235}}=53.465$$

满足局部稳定要求。

4-2 一两端铰接的焊接 H 形组合截面柱型号为 H250×250×6×10，该柱承受轴心压力设计值 N=600 kN，柱的长度为 4.8 m，钢材为 Q235，焊条为 E43 型，翼缘为焰切边，验算该柱强度、整体稳定和局部稳定是否满足要求。如果将该柱截面改为热轧宽翼缘 H 型钢 HW200×200×8×12，其他条件不变，验算是否满足要求，并与上述焊接 H 形组合截面进行比较，分析哪种设计更好。

解：(1)焊接 H 形组合截面 H250×250×6×10

①强度验算

$$A = 2 \times 10 \times 250 + 6 \times 230 = 6\ 380(\text{mm}^2)$$

由翼缘厚度 t=10 mm<16 mm，查教材附表 2-1 知 f = 215 N/mm²，则

$$\sigma = \frac{N}{A} = \frac{600 \times 10^3}{6\ 380} \approx 94.04(\text{N/mm}^2) < f = 215(\text{N/mm}^2)$$

满足强度要求。

②整体稳定验算

$$A = 63.8(\text{cm}^2)$$

$$I_x = \frac{1}{12} \times [25 \times 25^3 - (25 - 0.6) \times 23^3] \approx 7\ 812.52(\text{cm}^4)$$

$$I_y = \frac{1}{12} \times (2 \times 1 \times 25^3 + 23 \times 0.6^3) \approx 2\ 604.58(\text{cm}^4)$$

$$i_x = \sqrt{\frac{7\ 812.52}{63.8}} \approx 11.07(\text{cm})$$

$$i_y = \sqrt{\frac{2\ 604.58}{63.8}} \approx 6.39(\text{cm})$$

$$\lambda_x = \frac{l_{0x}}{i_x} = \frac{480}{11.07} = 43.36$$

$$\lambda_y = \frac{l_{0y}}{i_y} = \frac{480}{6.39} = 75.12$$

由于翼缘为焰切边，则不论对 x 轴还是 y 轴都属于 b 类截面，因 $\lambda_y > \lambda_x$，$\lambda_y/\varepsilon_k = 75.12\Big/\sqrt{\frac{235}{235}} = 75.12$，查教材附表 3-2，并通过插值法计算得 $\varphi = 0.719$。

$$\frac{N}{\varphi A f} = \frac{600 \times 10^3}{0.719 \times 63.8 \times 10^2 \times 215} \approx 0.608 < 1.0$$

满足整体稳定要求。

③局部稳定验算

翼缘外伸部分：

$$\frac{b'}{t} = \frac{(250 - 6)/2}{10} = 12.2 < (10 + 0.1\lambda_{\max})\varepsilon_k = (10 + 0.1 \times 75.12) \times \sqrt{\frac{235}{235}} = 17.512$$

满足局部稳定要求。

腹板：

$$\frac{h_0}{t_w} = \frac{230}{6} = 38.33 < (25 + 0.5\lambda_{\max})\varepsilon_k = (25 + 0.5 \times 75.12) \times \sqrt{\frac{235}{235}} = 62.56$$

满足局部稳定要求。

(2)改用热轧宽翼缘 H 型钢 HW200×200×8×12

①强度验算

查附表 9-9，可得 $A = 63.53\ \text{cm}^2$。

由翼缘厚度 t=12 mm<16 mm，查教材附表 2-1 知 $f = 215\ \text{N/mm}^2$，则

$$\sigma = \frac{N}{A} = \frac{600\times10^3}{63.53\times10^2} = 94.44(\text{N/mm}^2) < f = 215(\text{N/mm}^2)$$

满足强度要求。

②整体稳定验算

查附表 9-9，可得 $i_x = 8.61\ \text{cm}$，$i_y = 5.02\ \text{cm}$。

$$\lambda_x = \frac{l_{0x}}{i_x} = \frac{480}{8.61} = 55.75$$

$$\lambda_y = \frac{l_{0y}}{i_y} = \frac{480}{5.02} = 95.62$$

由于翼缘为焰切边，则不论对 x 轴还是 y 轴都属于 b 类截面，因 $\lambda_y > \lambda_x$，$\lambda_y/\varepsilon_k = 95.62\Big/\sqrt{\dfrac{235}{235}} = 95.62$，查教材附表 3-2，并通过插值法计算得 $\varphi = 0.581$。

$$\frac{N}{\varphi Af} = \frac{600\times10^3}{0.581\times63.53\times10^2\times215} \approx 0.756 < 1.0$$

满足整体稳定要求。

③局部稳定验算

翼缘外伸部分：

$$\frac{b'}{t} = \frac{(200-8)/2}{12} = 8 < (10+0.1\lambda_{\max})\varepsilon_k = (10+0.1\times95.62)\times\sqrt{\frac{235}{235}} = 19.562$$

满足局部稳定要求。

腹板：

$$\frac{h_0}{t_w} = \frac{176}{8} = 22 < (25+0.5\lambda_{\max})\varepsilon_k = (25+0.5\times95.62)\times\sqrt{\frac{235}{235}} = 72.81$$

满足局部稳定要求。

(3)分析

根据上述计算结果可知，焊接 H 形组合截面和热轧宽翼缘 H 型钢截面面积十分接近，由于二者两个方向的长细比非常接近，基本上做到了等稳定性、用料经济。从整体稳定验算结果可知，焊接 H 形组合截面强度更高，整体稳定性更好。但焊接 H 形组合截面的焊接工作量大。

4-3 如图 4-33 所示格构式轴心受压构件，由 2[32a 组成，柱高 8 m，两端铰接，钢材为 Q235B。(1)若该柱为缀条柱，缀条为∟45×5，水平线夹角为45°，试问该柱能承受多大轴压力？单肢稳定是否满足要求？(2)若该柱为缀板柱，缀板中心距为 600 mm，该柱能承受多大轴压力？单肢稳定是否满足要求？

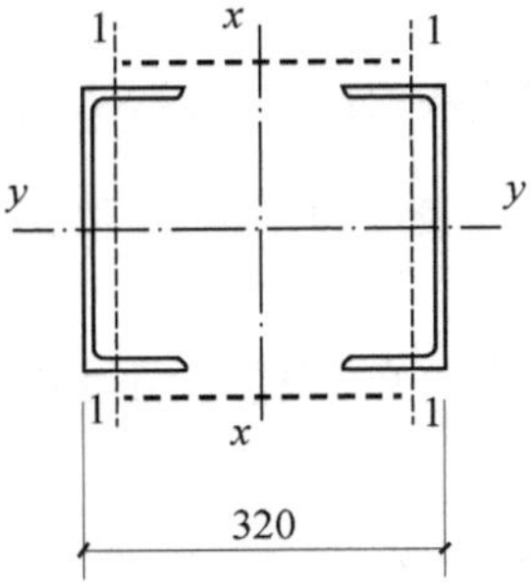

图 4-33 习题 4-3 附图

解：已知柱材料为钢材 Q235B，由 2[32a 组成，查教材附表 9-7 可知实际 $A=2\times 48.5=97(\mathrm{cm}^2)$，$i_y=12.44$ cm，$i_1=2.51$ cm，$z_0=2.24$ cm，$I_1=304.7\ \mathrm{cm}^4$。

依题意 $l_{0y}=l_{0x}=800$ cm。

验算绕实轴稳定：

$$\lambda_y=\frac{l_{0y}}{i_y}=\frac{800}{12.44}\approx 64.31<[\lambda]=150$$

满足稳定要求。

查教材附表 3-2 并用插值法求得 $\varphi=0.783$（b 类截面）。

$$N<\varphi Af=0.783\times 97\times 10^2\times 215\approx 1\ 632.95(\mathrm{kN})$$

(1)若该柱为缀条柱

缀条为∟45×5，水平线夹角为 45°，查教材附表 9-1 得 $A_{1x}=4.29\times 2=8.58(\mathrm{cm}^2)$，则

①按等稳定条件 $\lambda_{0x}=\lambda_y$，得

$$\lambda_{x\mathrm{req}}=\sqrt{\lambda_y^2-27\frac{A}{A_{1x}}}=\sqrt{64.31^2-27\times 97/8.58}\approx 61.89$$

$$i_{x\mathrm{req}}=\frac{l_{0x}}{\lambda_{x\mathrm{req}}}=\frac{800}{61.89}=12.93(\mathrm{cm})$$

$h_{\mathrm{req}}\approx\dfrac{12.93}{0.44}=29.39(\mathrm{cm})$，取$h=30$ cm。

两槽钢翼缘间净距为 $320-2\times 88=144(\mathrm{mm})>100(\mathrm{mm})$，满足构造要求。

则有

$$I_x=2\times(304.7+48.5\times 13.76^2)\approx 18\ 975.1(\mathrm{cm}^4)$$

$$i_x=\sqrt{\frac{I_x}{A}}=\sqrt{\frac{18\ 975.1}{97}}\approx 14.0(\mathrm{cm})$$

$$\lambda_x=\frac{l_{0x}}{i_x}=\frac{800}{14.0}=57.14$$

$$\lambda_{0x}=\sqrt{\lambda_x^2+27\frac{A}{A_{1x}}}=\sqrt{57.14^2+27\times 97/8.58}\approx 59.75<[\lambda]=150$$

查教材附表 3-2 并用插值法求得 $\varphi=0.808$（b 类截面），故

$$N<\varphi Af=0.808\times 97\times 10^2\times 215\approx 1\ 685.08(\text{kN})$$

②单肢稳定：

$$\lambda_1=\frac{l_{01}}{i_1}=\frac{2\times 27.5}{2.51}\approx 21.91<0.7\lambda_{\max}=0.7\times 50=35$$

满足规范规定，所以无须验算分肢刚度、强度和整体稳定；分肢采用型钢，也不必验算其局部稳定。

该柱能承受 1 632.95 kN 的轴力，单肢稳定满足要求。

(2)若该柱为缀板柱

如下图所示，缀板中心距为 60 cm。

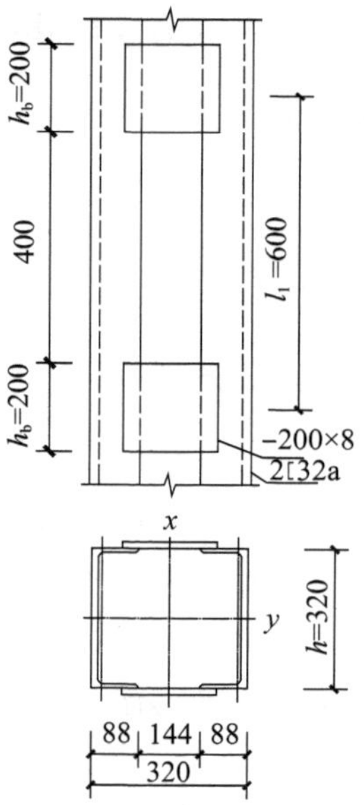

①按绕虚轴的稳定条件确定分肢间距，取 $\lambda_1=16$，满足 $\lambda_1\leqslant 0.5\lambda_{\max}=0.5\times 50=25$ 且不大于 40 的分肢稳定要求。按等稳定原则 $\lambda_{0x}=\lambda_y$，得

$$\lambda_{x\text{req}}=\sqrt{\lambda_y^2-\lambda_1^2}=\sqrt{64.31^2-16^2}\approx 62.29$$

$$i_{x\text{req}}=\frac{l_{0x}}{\lambda_{x\text{req}}}=\frac{800}{62.29}\approx 12.84(\text{cm})$$

$h_{\text{req}}\approx\frac{12.84}{0.44}=29.18(\text{cm})$，取 $h=30$ cm。

两槽钢翼缘间净距为 320－2×88＝144(mm)＞100(mm)，满足构造要求。

②根据虚轴稳定：

缀板净距 $l_{01}=\lambda_1 i_1=16\times 2.51=40.16(\text{cm})$，取 40 cm。

$$\lambda_1=\frac{40}{2.51}\approx 15.94$$

$$I_x=2\times(304.7+48.5\times 13.76^2)\approx 18\ 975.1(\text{cm}^4)$$

$$i_x = \sqrt{\frac{I_x}{A}} = \sqrt{\frac{18\ 975.1}{97}} \approx 14.0(\text{cm})$$

$$\lambda_x = \frac{l_{0x}}{i_x} = \frac{800}{14.0} \approx 57.14$$

$$\lambda_{0x} = \sqrt{\lambda_x^2 + \lambda_1^2} = \sqrt{57.14^2 + 15.94^2} = 59.32 < [\lambda] = 150$$

查教材附表 3-2 并用插值法求得 $\varphi = 0.808$（b 类截面），故

$$N < \varphi A f = 0.808 \times 97 \times 10^2 \times 215 = 1\ 685.08(\text{kN})$$

$\lambda_1 = 15.94 < 0.5\lambda_{\max} = 0.5 \times 50 = 25$ 和 40，满足要求。

所以无须验算分肢刚度、强度和整体稳定；分肢采用型钢，也不必验算其局部稳定。

该柱能承受 1 632.95 kN 的轴力，单肢稳定满足要求。

4-4 某轴心受压柱承受轴向压力设计值 $N = 1\ 200$ kN，柱两端铰接，$l_{0x} = l_{0y} = 4$ m。钢材为 Q235，截面无削弱。试设计此柱的截面：(1)采用普通热轧工字钢；(2)采用热轧 H 型钢；(3)采用焊接 H 形截面，翼缘板为焰切边。

解：设截面的强轴为 x 轴，弱轴为 y 轴，柱在两个方向的计算长度分别为 l_{0x}、l_{0y}。

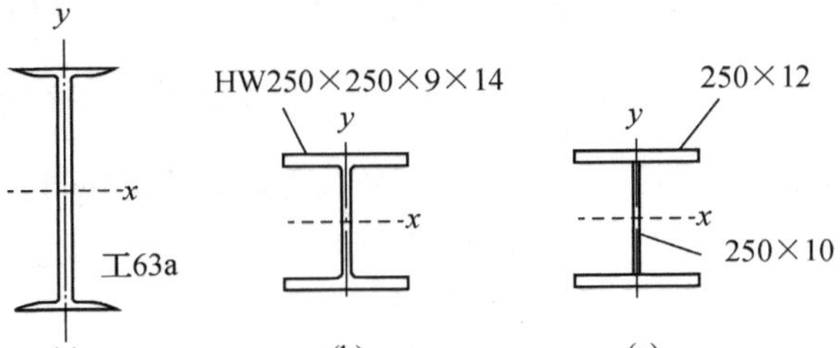

(a) (b) (c)

(1)热轧工字钢[图(a)]

①试选截面。

假定 $\lambda = 100$，对于 $b/h \leqslant 0.8$ 的热轧工字钢，当绕 x 轴屈曲时属于 a 类截面，绕 y 轴屈曲时属于 b 类截面。$\lambda/\varepsilon_k = 100\Big/\sqrt{\frac{235}{235}} = 100$，查教材附表 3-1 得 $\varphi_x = 0.637$，查教材附表3-2得 $\varphi_y = 0.555$，$\varphi_{\min} = \varphi_y = 0.555$。根据教材附表 2-1，当计算点钢材厚 $t \leqslant 16$ mm，取 $f = 215$ N/mm²。则所需截面面积和回转半径分别为

$$A_{\text{req}} = \frac{N}{\varphi_{\min} f} = \frac{1\ 200 \times 10^3}{0.555 \times 215 \times 10^2} = 100.57(\text{cm}^2)$$

$$i_{x\text{req}} = \frac{l_{0x}}{\lambda} = \frac{400}{100} = 4(\text{cm})$$

$$i_{y\text{req}} = \frac{l_{0y}}{\lambda} = \frac{400}{100} = 4(\text{cm})$$

由教材附表 9-5 中不可能选出恰好满足 A_{req}、$i_{x\text{req}}$、$i_{y\text{req}}$ 的型号，可以 A_{req} 和 $i_{y\text{req}}$ 为主，适当考虑 $i_{x\text{req}}$ 进行选择。现试选工 63a，$A = 154.6$ cm²，$i_x = 24.5$ cm，$i_y = 3.31$ cm，$t = 22$ mm（> 16 mm），$f = 205$ N/mm²。

②截面验算。

因截面无孔洞削弱，可不验算强度。又因热轧工字钢的翼缘和腹板均较厚，可不验算

局部稳定，只需进行刚度和整体稳定验算。

$$\lambda_x = \frac{l_{0x}}{i_x} \approx \frac{400}{24.5} = 16.33 < [\lambda] = 150$$

$$\lambda_y = \frac{l_{0y}}{i_y} \approx \frac{400}{3.31} = 120.85 < [\lambda] = 150$$

满足刚度要求。

λ_y 远大于 λ_x，绕 y 轴屈曲时属于 b 类截面，$\lambda/\varepsilon_k = 120.85\Big/\sqrt{\frac{235}{235}} = 120.85$，查教材附表 3-2，并通过插值法计算得 $\varphi = 0.432$。

$$\frac{N}{\varphi A f} = \frac{1\ 200 \times 10^3}{0.432 \times 154.6 \times 10^2 \times 205} \approx 0.876 < 1.0$$

满足整体稳定要求。

(2)热轧 H 型钢[图(b)]

①试选截面。

由于热轧 H 型钢可以选用宽翼缘的形式，截面宽度较大，因此长细比的假设值可适当减小，假设 $\lambda = 70$。对宽翼缘 H 型钢，因 $b/h > 0.8$，钢材为 Q235 时，对 x 轴为 b 类截面，对 y 轴为 c 类截面。$\lambda/\varepsilon_k = 70\Big/\sqrt{\frac{235}{235}} = 70$，查教材附表 3-2 得 $\varphi_x = 0.751$，查教材附表 3-3 得 $\varphi_y = 0.642$，$\varphi_{\min} = \varphi_y = 0.642$。所需截面面积和回转半径分别为

$$A_{\text{req}} = \frac{N}{\varphi_{\min} f} = \frac{1\ 200 \times 10^3}{0.642 \times 215 \times 10^2} \approx 86.94(\text{cm}^2)$$

$$i_{x\text{req}} = \frac{l_{0x}}{\lambda} = \frac{400}{70} \approx 5.71(\text{cm})$$

$$i_{y\text{req}} = \frac{l_{0y}}{\lambda} = \frac{400}{70} \approx 5.71(\text{cm})$$

查教材附表 9-9，选择 HW250×250×9×14，$A=91.43\ \text{cm}^2$，$i_x = 10.8\ \text{cm}$，$i_y = 6.31\ \text{cm}$。翼缘厚度 $t=14\ \text{mm}<16\ \text{mm}$，取 $f = 215\ \text{N/mm}^2$。

②截面验算。

因截面无孔洞削弱，可不验算强度。又因为是热轧型钢，可不验算局部稳定，只需进行刚度和整体稳定验算。

$$\lambda_x = \frac{l_{0x}}{i_x} \approx \frac{400}{10.8} = 37.04 < [\lambda] = 150$$

$$\lambda_y = \frac{l_{0y}}{i_y} \approx \frac{400}{6.31} = 63.39 < [\lambda] = 150$$

满足刚度要求。

绕 x 轴为 b 类截面，由 $\lambda_x = 37.04$，$\lambda_x/\varepsilon_k = 37.04\Big/\sqrt{\frac{235}{235}} = 37.04$，查教材附表 3-2，并通过插值法计算得 $\varphi_x = 0.910$。绕 y 轴为 c 类截面，$\lambda_y = 63.39$，$\lambda_y/\varepsilon_k = 63.39\Big/\sqrt{\frac{235}{235}} = 69.39$，查教材附表 3-3，并通过插值法计算得 $\varphi_y = 0.686$，则 $\varphi_{\min} = \varphi_y = 0.686$。

$$\frac{N}{\varphi A f} = \frac{1\ 200 \times 10^3}{0.686 \times 91.43 \times 10^2 \times 215} \approx 0.890 < 1.0$$

满足整体稳定要求。

(3) 焊接 H 形截面[图(c)]

①参照 H 型钢截面试选截面：翼缘 2-250×12，腹板 1-250×10，其截面面积及回转半径分别为

$$A = 2 \times 25 \times 1.2 + 25 \times 1 = 85(\mathrm{cm}^2)$$

$$I_x = \frac{1}{12} \times [25 \times (25 + 1.2 \times 2)^3 - (25 - 1) \times 25^3] \approx 11\ 606(\mathrm{cm}^4)$$

$$I_y = \frac{1}{12} \times (2 \times 1.2 \times 25^3 + 25 \times 1^3) = 3\ 127\ (\mathrm{cm}^4)$$

$$i_x = \sqrt{\frac{11\ 606}{85}} \approx 11.69(\mathrm{cm})$$

$$i_y = \sqrt{\frac{3\ 127}{85}} \approx 6.07(\mathrm{cm})$$

②刚度和整体稳定验算。

$$\lambda_x = \frac{l_{0x}}{i_x} = \frac{400}{11.69} \approx 34.22 < [\lambda] = 150$$

$$\lambda_y = \frac{l_{0y}}{i_y} = \frac{400}{6.07} \approx 65.90 < [\lambda] = 150$$

满足刚度要求。

绕 x 轴和 y 轴屈曲均属于 b 类截面，因 $\lambda_y > \lambda_x, \lambda_y/\varepsilon_k = 65.90 \Big/ \sqrt{\frac{235}{235}} = 65.90$，查教材附表 3-2，并通过插值法计算得 $\varphi = 0.775$。

$$\frac{N}{\varphi A f} = \frac{1\ 200 \times 10^3}{0.775 \times 85 \times 10^2 \times 215} = 0.847 < 1.0$$

满足整体稳定要求。

③局部稳定验算。

翼缘外伸部分：

$$\frac{b'}{t} = \frac{(250 - 10)/2}{12} = 10 < (10 + 0.1\lambda_{\max})\varepsilon_k = (10 + 0.1 \times 65.90) \times \sqrt{\frac{235}{235}} = 16.59$$

满足局部稳定要求。

腹板：

$$\frac{h_0}{t_w} = \frac{250}{10} = 25 < (25 + 0.5\lambda_{\max})\varepsilon_k = (25 + 0.5 \times 65.90) \times \sqrt{\frac{235}{235}} = 57.95$$

满足局部稳定要求。

截面无孔洞削弱，不必验算强度。

④构造。

因腹板高厚比小于 80，故不必设置横向加劲肋。翼缘与腹板的连接焊缝最小焊脚尺寸由教材表 7-5 确定，当采用不预热的非低氢焊接方法进行焊接时，可取 $h_f = 6$ mm 。

4-5　试设计支承某钢结构工作平台的格构式轴心受压缀板柱，该柱柱身由 2 个槽钢组成，钢材为 Q235，柱高 6 m，两端铰接，柱高 1/2 处沿 x 轴方向设置一侧向支撑，柱的轴心压力设计值为 1 000 kN。

解：①按实轴（y 轴）的稳定条件确定分肢截面尺寸。

假定 $\lambda_y = 40$，按 Q235 钢 b 类截面，查教材附表 3-2 得 $\varphi = 0.899$。

所需截面面积和回转半径分别为

$$A_{\text{req}} = \frac{N}{\varphi f} = \frac{1\,000 \times 10^3}{0.899 \times 215 \times 10^2} \approx 51.74(\text{cm}^2)$$

$$i_{y\text{req}} = \frac{l_{0y}}{\lambda} = \frac{300}{40} = 7.5(\text{cm})$$

查教材附表 9-7 试选 2[18b，截面形式如图所示。实际 $A = 2 \times 29.3 = 58.6\ (\text{cm}^2)$，$i_y = 6.84\ \text{cm}$，$i_1 = 1.95\ \text{cm}$，$z_0 = 1.84\ \text{cm}$，$I_1 = 111\ \text{cm}^4$。

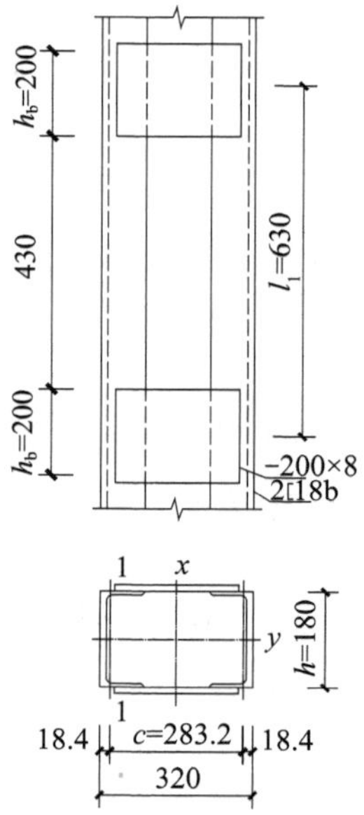

绕实轴稳定验算：

$$\lambda_y = \frac{l_{0y}}{i_y} = \frac{300}{6.84} \approx 43.86 < [\lambda] = 150$$

满足要求。

查教材附表 3-2 并用插值法求得 $\varphi = 0.841$（b 类截面），则

$$\frac{N}{\varphi A f} = \frac{1\,000 \times 10^3}{0.841 \times 58.6 \times 10^2 \times 215} \approx 0.944 < 1.0$$

满足要求。

②按绕虚轴（x 轴）的稳定条件确定分肢间距。

取 $\lambda_1 = 22$，基本满足 $\lambda_1 \leqslant 0.5\lambda_{\max} = 0.5 \times 50 = 25$（$\lambda_{\max} < 50$ 时取 $\lambda_{\max} = 50$）且不大于 40 的分肢稳定要求。按等稳定原则 $\lambda_{0x} = \lambda_y$，得

$$\lambda_{x\text{req}} = \sqrt{\lambda_y^2 - \lambda_1^2} = \sqrt{43.86^2 - 22^2} \approx 37.94$$

$$i_{x\text{req}} = \frac{l_{0x}}{\lambda_{x\text{req}}} = \frac{600}{37.94} \approx 15.81(\text{cm})$$

$h_{\text{req}} \approx \dfrac{15.81}{0.44} \approx 35.93(\text{cm})$，取 $h=32$ cm。

两槽钢翼缘间净距为 320－2×70＝180(mm)＞100(mm)，满足构造要求。

虚轴稳定验算：

缀板净距：$l_{01} = \lambda_1 i_1 = 22 \times 1.95 = 42.9(\text{cm})$，取 43 cm。

$$\lambda_1 = \frac{43}{1.95} \approx 22.05$$

$$I_x = 2 \times (111 + 29.3 \times 14.16^2) \approx 11\ 972(\text{cm}^4)$$

$$i_x = \sqrt{\frac{I_x}{A}} = \sqrt{\frac{11\ 972}{58.6}} \approx 14.29(\text{cm})$$

$$\lambda_x = \frac{l_{0x}}{i_x} = \frac{600}{14.29} \approx 41.99$$

$$\lambda_{0x} = \sqrt{\lambda_x^2 + \lambda_1^2} = \sqrt{41.99^2 + 22.05^2} \approx 47.43 < [\lambda] = 150$$

查教材附表 3-2 并用插值法求得 $\varphi = 0.867$（b 类截面），则

$$\frac{N}{\varphi A f} = \frac{1\ 000 \times 10^3}{0.867 \times 58.6 \times 10^2 \times 215} \approx 0.915 < 1$$

满足要求。

$\lambda_1 = 22.05 < 0.5\lambda_{\max} = 0.5 \times 50 = 25$ 和 40，满足要求。

所以无须验算分肢刚度、强度和整体稳定；分肢采用型钢，也不必验算其局部稳定。至此可认为所选截面满足要求。

③缀板设计。

初选缀板尺寸：纵向高度 $h_b \geqslant \dfrac{2}{3}c = \dfrac{2}{3} \times 28.32 = 18.88(\text{cm})$，厚度 $t_b \geqslant c/40 = 28.32/40 \approx 0.71(\text{cm})$，取 $h_b \times t_b = 200\ \text{mm} \times 8\ \text{mm}$。

相邻缀板净距 $l_{01} = 43$ cm，相邻缀板中心距 $l_1 = l_{01} + h_b = 43 + 20 = 63(\text{cm})$。

缀板线刚度之和与分肢线刚度的比值：

$$\frac{\sum I_b/c}{I_1/l_1} = \frac{2 \times (0.8 \times 20^3/12)/28.32}{111/63} \approx 21.38 > 6$$

满足缀板的刚度要求。

柱的剪力：

$V = \dfrac{Af}{85\varepsilon_k} = \dfrac{58.6 \times 10^2 \times 215}{85 \times \sqrt{235/235}} \approx 14\ 822.35(\text{N})$，每个缀板面剪力 $V_1 \approx 7\ 411.18$ N。

弯矩：

$$M_{b1} = \frac{V_1 l_1}{2} = 7\ 411.18 \times \frac{63}{2} = 233\ 452.17(\text{N} \cdot \text{cm})$$

剪力：

$$V_{b1} = \frac{V_1 l_1}{c} = 7\ 411.18 \times \frac{63}{28.32} \approx 16\ 486.74(\text{N})$$

$$\sigma = \frac{6M_{b1}}{t_b h_b^2} = \frac{6 \times 233\ 452.17 \times 10}{8 \times 200^2} \approx 43.77(\text{N/mm}^2) < 215(\text{N/mm}^2)$$

$$\tau = \frac{1.5V_{b1}}{t_b h_b} = \frac{1.5 \times 16\ 486.74}{8 \times 200} \approx 15.46(\text{N/mm}^2) < 125(\text{N/mm}^2)$$

满足缀板的强度要求。

④缀板焊缝计算。

采用三面周围角焊缝。计算时可偏于安全地仅考虑端部纵向焊缝，按构造要求取焊脚尺寸 $h_f = 6$ mm，$l_w = 200$ mm，则

$$A_f = 0.7 \times 0.6 \times 20 = 8.4(\text{cm}^2)$$

$$W_f = \frac{1}{6} \times 0.7 \times 0.6 \times 20^2 = 28(\text{cm}^3)$$

在弯矩 M_{b1} 和剪力 V_{b1} 共同作用下焊缝的应力为

$$\sqrt{\left(\frac{\sigma_f}{\beta_f}\right)^2 + \tau_t^2} = \sqrt{\left(\frac{233\ 452.17 \times 10}{1.22 \times 28 \times 10^3}\right)^2 + \left(\frac{16\ 486.74}{8.4 \times 10^2}\right)^2} \approx 71.1(\text{N/mm}^2) < f_f^w = 160(\text{N/mm}^2)$$

焊缝强度满足要求。

4-6　图 4-34 所示为一管道支架，其支柱的轴心压力(包括自重)设计值 $N=800$ kN，柱两端铰接，钢材为 Q235，焊条为 E43 型，截面无孔洞削弱。将图中两支柱分别设计成格构式轴心受压缀条柱和缀板柱。

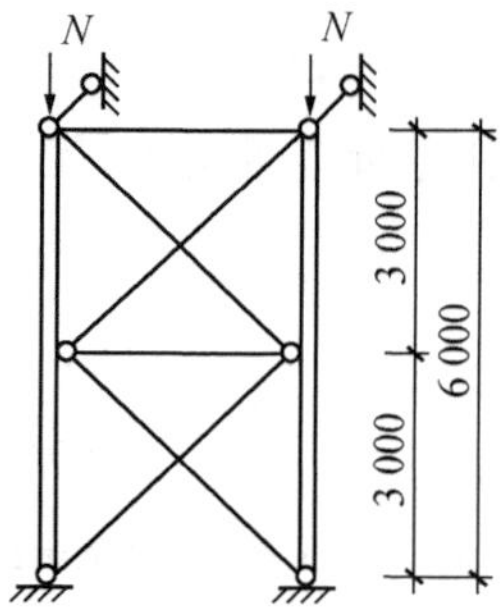

图 4-34　习题 4-6 附图

解：

(1) 缀条柱

①按实轴(y 轴)的稳定条件确定分肢截面尺寸。

由图知 $l_{0x}=600$ cm，$l_{0y}=300$ cm。

假定 $\lambda_y = 40$，按 Q235 钢 b 类截面，查教材附表 3-2 得 $\varphi = 0.899$。

所需截面面积和回转半径分别为

$$A_{req} = \frac{N}{\varphi f} = \frac{800 \times 10^3}{0.899 \times 215 \times 10^2} \approx 41.39(\text{cm}^2)$$

$$i_{yreq} = \frac{l_{0y}}{\lambda} = \frac{300}{40} = 7.5(\text{cm})$$

查教材附表 9-7 试选 2[16b，截面形式如下图所示。实际 $A = 2\times25.15 = 50.3(\text{cm}^2)$，

$i_y = 6.1\ \text{cm}$，$i_1 = 1.82\ \text{cm}$，$z_0 = 1.75\ \text{cm}$，$I_1 = 83.4\ \text{cm}^4$，$b = 65\ \text{mm}$。

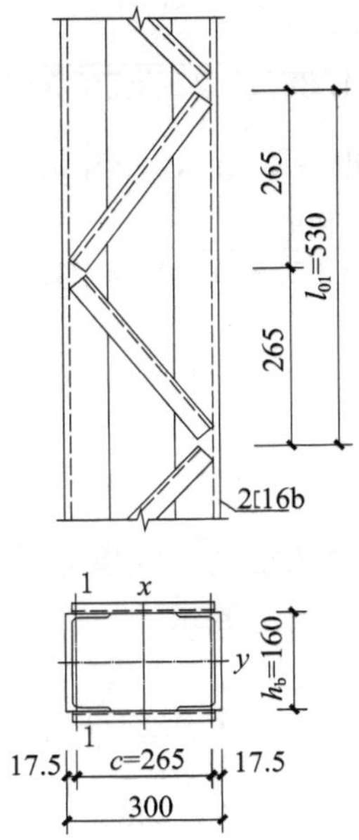

绕实轴稳定验算：

$$\lambda_y = \frac{l_{0y}}{i_y} = \frac{300}{6.1} \approx 49.18 < [\lambda] = 150$$

满足要求。

查教材附表 3-2 并用插值法求得 $\varphi = 0.859$（b 类截面）。

$$\frac{N}{\varphi A f} = \frac{800 \times 10^3}{0.859 \times 50.3 \times 10^2 \times 215} \approx 0.861 < 1.0$$

满足要求。

②按绕虚轴（x 轴）的稳定条件确定分肢间距。

柱子轴力不大，缀条采用角钢∟45×5，两个斜缀条毛截面面积之和 $A_{1x} = 2 \times 4.29 = 8.58(\text{cm}^2)$。

按等稳定条件 $\lambda_{0x} = \lambda_y$，得

$$\lambda_{x\text{req}} = \sqrt{\lambda_y^2 - 27\frac{A}{A_{1x}}} = \sqrt{49.18^2 - 27 \times 50.3/8.58} \approx 47.54$$

$$i_{x\text{req}} = \frac{l_{0x}}{\lambda_{x\text{req}}} = \frac{600}{47.54} \approx 12.62(\text{cm})$$

$h_{\text{req}} \approx \dfrac{12.62}{0.44} \approx 28.68(\text{cm})$，取 $h = 30\ \text{cm}$。

两槽钢翼缘间净距为 $300 - 2 \times 65 = 170(\text{mm}) > 100(\text{mm})$，满足构造要求。

③虚轴（x 轴）稳定验算。

$$I_x = 2 \times (83.4 + 25.15 \times 13.25^2) = 8\,997.6(\text{cm}^4)$$

$$i_x = \sqrt{\frac{I_x}{A}} = \sqrt{\frac{8\,997.6}{50.3}} \approx 13.37(\text{cm})$$

$$\lambda_x = \frac{l_{0x}}{i_x} = \frac{600}{13.37} \approx 44.88$$

$$\lambda_{0x} = \sqrt{\lambda_x^2 + 27\frac{A}{A_{1x}}} = \sqrt{44.88^2 + 27 \times 50.3/8.58} \approx 46.61 < [\lambda] = 150$$

查教材附表 3-2 并用插值法求得 $\varphi = 0.871$（b 类截面），则

$$\frac{N}{\varphi A f} = \frac{800 \times 10^3}{0.871 \times 50.3 \times 10^2 \times 215} = 0.849 < 1.0$$

满足整体稳定要求。

④缀条柱分肢稳定验算。

$$\lambda_1 = \frac{l_{01}}{i_1} = \frac{2 \times 26.5}{1.82} \approx 29.12 < 0.7\lambda_{max} = 0.7 \times 50 = 35$$

满足规范规定，所以无须验算分肢刚度、强度和整体稳定；分肢采用型钢，也不必验算其局部稳定。至此可认为所选截面满足要求。

⑤缀条设计。

缀条尺寸已初步确定为角钢∟45×5，$A_{d1} = 4.29\ \text{cm}^2$，$i_{min} = 0.88\ \text{cm}$ 。采用人字形单缀条体系 $\theta = 45°$，分肢 $l_{01} = 53\ \text{cm}$ ，斜缀条长度 $l_d = \frac{26.32}{\sin 45°} \approx 37.22\ (\text{cm})$。

柱的剪力：

$$V = \frac{Af}{85\varepsilon_k} = \frac{50.3 \times 10^2 \times 215}{85 \times \sqrt{235/235}} \approx 12\,723(\text{N})$$

$$V_1 = \frac{V}{2} = \frac{12\,723}{2} = 6\,361.5(\text{N})$$

斜缀条内力：

$$N_{d1} = \frac{V_1}{\sin\theta} = \frac{6\,361.5}{\sin 45°} \approx 8\,996.52(\text{N})$$

$$\lambda_1 = \frac{l_d}{i_{min}} = \frac{37.22}{0.88} \approx 42.30 < [\lambda] = 150$$

查教材附表 3-2 并用插值法求得 $\varphi = 0.889$（ b 类截面），强度设计值折减系数：

$$\gamma_R = 0.6 + 0.001\,5\lambda = 0.6 + 0.001\,5 \times 42.30 \approx 0.663$$

斜缀条的稳定验算：

$$\frac{N_{d1}}{\varphi A} = \frac{8\,996.52}{0.889 \times 4.29 \times 10^2} \approx 23.59(\text{N/mm}^2) < \gamma_R f \approx 142.55(\text{N/mm}^2)$$

满足要求。

缀条无孔洞削弱，不必验算强度。缀条的连接角焊缝采用两面侧焊，按构造要求取 $h_f = 4\ \text{mm}$；单面连接的单角钢按轴心受力计算连接时，$\gamma_R = 0.85$。则

肢背焊缝所需长度：

$$l_{w1} = \frac{k_1 N_{d1}}{0.7 h_f \gamma_R f_f^w} + 2h_f = \frac{0.7 \times 8\,996.52}{0.7 \times 0.4 \times 0.85 \times 160 \times 10^2} + 0.8 \approx 2.45(\text{cm})$$

肢尖焊缝所需长度：

$$l_{w1} = \frac{k_2 N_{d1}}{0.7 h_f \gamma_R f_f^w} + 2h_f = \frac{0.3 \times 8\,996.52}{0.7 \times 0.4 \times 0.85 \times 160 \times 10^2} + 0.8 \approx 1.51(\text{cm})$$

肢背与肢尖焊缝长度均取 4 mm。

（2）缀板柱

①按实轴（y 轴）的稳定条件确定分肢截面尺寸同缀条柱，选用 2[16b，$\lambda_y=49.18$ 。截面形式如下图所示。

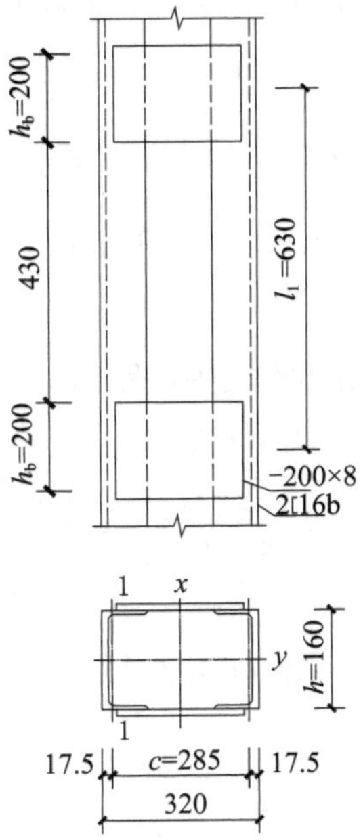

②按绕虚轴（x 轴）的稳定条件确定分肢间距。

取 $\lambda_1=22$ ，基本满足 $\lambda_1\leqslant0.5\lambda_{max}=0.5\times50=25$ 且不大于 40 的分肢稳定要求。按等稳定原则 $\lambda_{0x}=\lambda_y$ ，得

$$\lambda_{xreq}=\sqrt{\lambda_y^2-\lambda_1^2}=\sqrt{49.18^2-22^2}\approx43.98$$

$$i_{xreq}=\frac{l_{0x}}{\lambda_{xreq}}=\frac{600}{43.98}\approx13.64(\text{cm})$$

$h_{req}\approx\dfrac{13.64}{0.44}=31(\text{cm})$ ，取 $h=32$ cm。

两槽钢翼缘间净距为 320−2×65=190(mm)>100(mm)，满足构造要求。

验算虚轴稳定，缀板净距：$l_{01}=\lambda_1 i_1=22\times1.82=40.04(\text{cm})$ ，取 41 cm。

$$\lambda_1=\frac{41}{1.82}=22.52$$

$$I_x=2\times(83.4+25.15\times14.25^2)\approx10\ 380.8(\text{cm}^4)$$

$$i_x=\sqrt{\frac{I_x}{A}}=\sqrt{\frac{10\ 380.8}{50.3}}\approx14.37(\text{cm})$$

$$\lambda_x=\frac{l_{0x}}{i_x}=\frac{600}{14.37}\approx41.75$$

$$\lambda_{0x}=\sqrt{\lambda_x^2+\lambda_1^2}=\sqrt{41.75^2+22.52^2}=47.44<[\lambda]=150$$

查教材附表 3-2 并用插值法求得 $\varphi=0.867$（b 类截面），则

$$\frac{N}{\varphi Af}=\frac{800\times10^3}{0.867\times50.3\times10^2\times215}=0.853<1$$

整体稳定满足要求。

$\lambda_1=22.52<0.5\lambda_{max}=0.5\times50=25$ 和 40，满足要求。

所以无须验算分肢刚度、强度和整体稳定；分肢采用型钢，也不必验算其局部稳定。至此可认为所选截面满足要求。

③缀板设计。

$$c=32-2\times1.75=28.5(\text{cm})$$

初选缀板尺寸：$h_b\geqslant\frac{2}{3}c=\frac{2}{3}\times28.5=19(\text{cm})$，$t_b\geqslant c/40=28.5/40\approx0.71(\text{cm})$，取 $h_b\times t_b=200\ \text{mm}\times8\ \text{mm}$。

相邻缀板净距 $l_{01}=43\ \text{cm}$，相邻缀板中心距 $l_1=l_{01}+h_b=43+20=63(\text{cm})$。

缀板线刚度之和与分肢线刚度的比值：

$$\frac{\sum I_b/c}{I_1/l_1}=\frac{2\times(0.8\times20^3/12)/28.5}{83.4/63}\approx28.27>6$$

满足缀板的刚度要求。

柱的剪力：$V=12\ 723$ N，每个缀板面剪力 $V_1=6\ 361.5$ N。

弯矩：

$$M_{b1}=\frac{V_1l_1}{2}=6\ 361.5\times\frac{63}{2}\approx200\ 387.3(\text{N}\cdot\text{cm})$$

剪力：

$$V_{b1}=\frac{V_1l_1}{c}=6\ 361.5\times\frac{63}{28.5}\approx14\ 062.3(\text{N})$$

$$\sigma=\frac{6M_{b1}}{t_bh_b^2}=\frac{6\times200\ 387.3\times10}{8\times200^2}\approx37.57(\text{N/mm}^2)<215(\text{N/mm}^2)$$

$$\tau=\frac{1.5V_{b1}}{t_bh_b}=\frac{1.5\times14\ 062.3}{8\times200}\approx13.18(\text{N/mm}^2)<125(\text{N/mm}^2)$$

满足缀板的强度要求。

④缀板焊缝计算。

采用三面周围角焊缝。计算时可偏于安全地仅考虑端部纵向焊缝，按构造要求取焊脚尺寸 $h_f=6\ \text{mm},l_w=200\ \text{mm}$，则

$$A_f=0.7\times0.6\times20=8.4(\text{cm}^2)$$

$$W_f=\frac{1}{6}\times0.7\times0.6\times20^2=28(\text{cm}^3)$$

查教材附表 2-5，可知 $f_f^w=160\ \text{N/mm}^2$。在弯矩 M_{b1} 和剪力 V_{b1} 共同作用下焊缝的应力为

$$\sqrt{\left(\frac{\sigma_f}{\beta_f}\right)^2+\tau_t^2}=\sqrt{\left(\frac{200\ 387.3\times10}{1.22\times28\times10^3}\right)^2+\left(\frac{14\ 062.3}{8.4\times10^2}\right)^2}\approx62(\text{N/mm}^2)<f_f^w=160(\text{N/mm}^2)$$

焊缝强度满足要求。

第 5 章　受弯构件

一、思考题

5-1　受弯构件需要考虑哪些可能的破坏形式？

答：需要考虑与强度、刚度、稳定性三个方面相关的破坏形式。

①强度相关：受弯破坏、受剪破坏、局部承压破坏，三种情况组合导致的复杂应力状态破坏。

②刚度相关：挠度过大以至于超过正常使用极限状态。

③稳定性相关：整体失稳破坏与局部失稳破坏。

5-2　如何理解受弯构件的塑性弯矩设计值和屈服弯矩设计值？何为有限截面塑性发展系数？

答：塑性弯矩设计值考虑的是构件刚好进入全截面塑性，形成塑性铰的状态。屈服弯矩设计值考虑的是构件最外边缘正应力刚好达到屈服应力的状态。

截面塑性发展系数定义为塑性弯矩设计值与屈服弯矩设计值的比值。然而全截面塑性形成塑性铰后会造成过大的变形或留下显著的残余变形，这种情况将影响受弯构件的正常使用。因此工程设计时采用有限塑性发展的准则，即截面塑性发展区域限制在一定范围的截面高度内。《钢结构设计标准》(GB 50017—2017)就规定，可通过限制塑性发展区有限度地利用塑性。一般限制截面塑性区域值在 $h/8 \sim h/4$，根据这一工作阶段确定塑性发展系数 γ_x 或 γ_y 为有限截面塑性发展系数。

5-3　梁的扭转包括哪些形式？它们有何区别？

答：包括自由扭转和约束扭转。自由扭转发生于等截面构件受等值反向的一对扭矩作用且构件端部截面的纵向纤维不受约束时。约束扭转发生于不满足上述两个自由扭转的条件时。

区别：

①约束条件不同：自由扭转时构件扭转过程中轴向纤维伸缩不受任何约束，截面可自由翘曲变形。约束扭转构件截面的翘曲受到支承情况或外力作用方式的约束。

②自由扭转时构件只会发生扭转变形，约束扭转时构件除了扭转还会有弯曲变形。

③截面应力情况不同：自由扭转时，各截面的翘曲变形相同，纵向纤维保持直线且长度保持不变，截面上只有剪应力，没有纵向正应力。约束扭转时，除了剪应力，还有因各

纵向纤维长度变化而引起的正应力。

5-4 何为翘曲应力？梁在何种受力状态下会产生翘曲应力？

答：翘曲应力分为翘曲正应力和翘曲剪应力。翘曲正应力指约束扭转使各纵向纤维长度发生变化并引起相应正应力。翘曲剪应力是因各纵向纤维沿杆件长度变化而引起的剪应力。

梁在发生约束扭转，即受到双力矩和约束扭转作用时会产生翘曲应力。

5-5 梁的整体稳定具体表现为哪种失稳方式？影响梁的整体稳定临界承载力的因素有哪些？

答：梁的整体失稳表现为突然发生的侧向弯曲和扭转破坏，为弯扭失稳。

影响梁的整体稳定临界承载力的因素：

①截面的侧向抗弯刚度、抗扭刚度、和翘曲刚度越大，临界弯矩越高，整体稳定性能越好。

②梁侧向无支撑长度或受压翼缘侧向支撑点的间距越小，整体稳定性能越好，临界弯矩越高。

③惯性矩 I_y、I_t 和 I_w 越大，则梁的整体稳定性能越好；加大梁的受压翼缘宽度 b_1，可大大提高梁的整体稳定性能。

④梁端支座如能提供对截面 y 轴的转动约束，梁的整体稳定性能可大大提高。梁端支座如能提供对截面 x 轴的转动约束，对临界弯矩的提高也有作用。

⑤荷载的种类和作用位置对临界弯矩也有不可忽视的影响。弯矩图沿长度分布均匀的构件，临界弯矩低些；荷载作用位置越高对梁的整体稳定也越不利。

5-6 钢梁在什么条件下不需要进行整体失稳的验算？

答：①有铺板(各种钢筋混凝土板和钢板)密铺在梁的受压翼缘上并与其牢固相连、能阻止梁受压翼缘发生侧向位移时，不需要验算整体稳定性。

②对于箱形截面简支梁，其截面尺寸满足 $h/b_0 \leqslant 6$ 且 $l_1/b_0 \leqslant 95 \times (235/f_y)$ 时，可不验算整体稳定。对跨中无侧向支撑点的梁，l_1 为其跨度；对于有侧向支撑的梁，l_1 为受压翼缘侧向支撑点间的距离。

5-7 什么是受弯构件的局部失稳？影响构件局部稳定的关键参数是什么？

答：受弯构件的局部失稳是指组合梁的翼缘和腹板因板中压应力或剪应力达到某一数值后，腹板或受压翼缘有可能偏离其平面位置，出现波形鼓曲的现象。

影响构件局部稳定的关键参数是板件的宽厚比。

5-8 梁腹板设置加劲肋的原则是什么？

答：组合梁腹板设置加劲肋的原则为

①当 $\dfrac{h_0}{t_w} \leqslant 80\sqrt{\dfrac{235}{f_y}}$ 时，对有局部压应力($\sigma_c \neq 0$)的梁，应按构造配置横向加劲肋，但对 $\sigma_c = 0$ 及局部压应力较小的梁，可不配置加劲肋。

②当 $\dfrac{h_0}{t_w} > 80\sqrt{\dfrac{235}{f_y}}$ 时，应按计算配置横向加劲肋。

③当 $\dfrac{h_0}{t_w} > 170\sqrt{\dfrac{235}{f_y}}$ (受压翼缘扭转受到约束时，如连有刚性铺板、制动板或钢轨)或

$\frac{h_0}{t_w} > 150\sqrt{\frac{235}{f_y}}$（受压翼缘扭转未受到约束时）或按计算需要时，应在弯矩较大区格的受压区增加配置纵向加劲肋。局部压应力很大的梁，必要时宜在受压区配置短加劲肋。

④梁的支座处和上翼缘受有较大固定集中荷载处宜设置支承加劲肋。

5-9 什么是焊接组合截面梁屈曲后强度？屈曲后强度如何考虑和计算？

答：是指焊接组合截面梁在部分屈曲后剩余部分还能继续承载的能力。

屈曲后强度的设计计算有两种基本考虑方式：一是采用有效宽度的概念，即认为截面发生屈曲的部分退出工作；二是降低设计用的材料强度值。

5-10 腹板开孔梁在计算时如何考虑孔洞的影响？

答：在进行腹板开孔梁的设计时，开孔梁应满足整体稳定及局部稳定要求，同时还应进行实腹截面和开孔截面处的受弯和受剪承载力验算，以及开孔处顶部及底部T形截面受弯剪共同作用的承载力验算。

因为腹板孔洞会降低钢梁的承载能力，一方面应对孔洞尺寸等构造要求作出规定，另一方面也可以在开孔处设置加劲肋来补强。

腹板开孔梁的构造要求具体参见教材5.6.2小节；腹板开孔梁的补强要求参见教材5.6.3小节。

二、习题

5-1 某外伸梁上作用均布恒荷载标准值 q_1＝4.5 kN/m（未计入梁本身质量），均布活荷载标准值 q_2＝10 kN/m，两支座间中央作用集中活荷载 F＝12 kN，如图5-39所示。假设在 A、B、C、D 各点处梁侧设有支撑以防止整体失稳。试选择质量最轻的热轧普通工字钢截面型号。荷载分项系数对恒载取1.3，活载取1.5，钢材抗拉、抗压和抗弯强度设计值取205 N/mm²，抗剪强度设计值取120 N/mm²。梁的允许挠度值：跨中 $l_2/400$，外伸段 $2l_1/250$。按截面有限塑性发展准则设计，并取有限截面塑性发展系数为1.05。

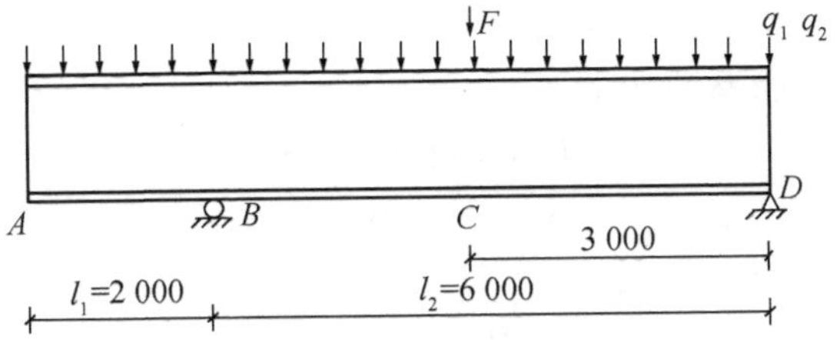

图5-39 习题5-1附图

解：计算荷载和内力：

梁所受均布荷载（暂时不计梁本身质量）：$q = 1.3 \times 4.5 + 1.5 \times 10 = 20.85$ (kN/m)。

梁在 C 处所受的集中荷载：$F = 1.5 \times 12 = 18$(kN)。

根据受力平衡和弯矩平衡计算支座 B、D 处的反力。

画出梁的剪力图和弯矩图：

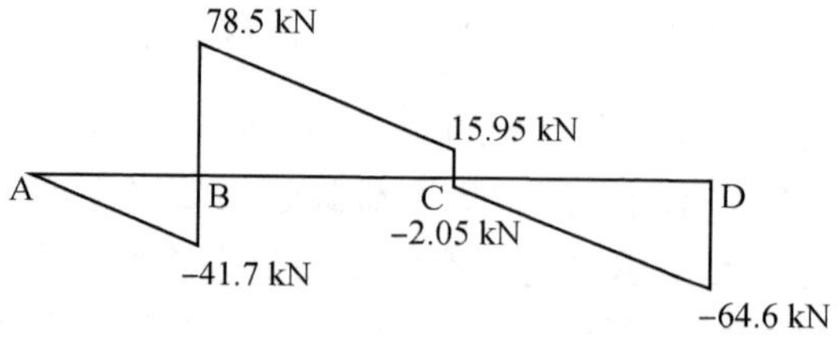

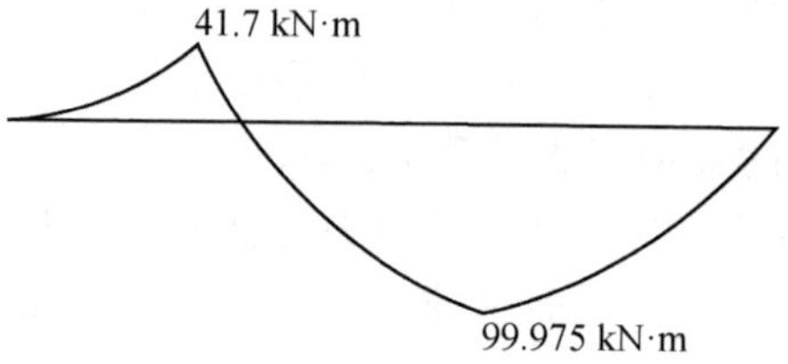

可知最大弯矩发生于 C 点，$M_{exd}=99.975\ \text{kN}\cdot\text{m}$。

已知 $\gamma_x=1.05$ ，则 $M_x=M_{exd}/\gamma_x=99.975/1.05\approx 95.214(\text{kN}\cdot\text{m})$。

$W_x>M_x/f_y=95.214\times 10^6/205\approx 464\ 458.5\ \text{mm}^3$ ，可知截面模量应大于 $464\ 458.5\ \text{mm}^3$。

关于梁的挠度：

跨中挠度：

$$\nu_1=\frac{5ql_2^4}{384EI_x}+\frac{Fl_2^3}{48EI_x}<\frac{l_2}{400}=15(\text{mm})$$

外伸段挠度：

$$\nu_2=\frac{ql_1^4}{8EI_x}<\frac{2l_1}{250}=16(\text{mm})$$

联立得

$$I_x>111\ 697\ 857.1\ \text{mm}^4\approx 11\ 170\ \text{cm}^4$$

查教材附表 9-5 可知，满足条件的最接近的为型号 I32c 和 I36a 型号的热轧普通工字钢。

由表可知工 32c 的截面系数如下：

$$I_x=12\ 200\ \text{cm}^4$$

$$W_x=760\ \text{cm}^3$$

计算梁的自重：

由表可知工 32c 质量为 62.7 kg/m，则

$$g=1.3\times 62.7\times 9.8\times 10^{-3}\approx 0.799(\text{kN/m})$$

加上自重后均布荷载值为

$$q'=q+g=20.85+0.799=21.649(\text{kN/m})$$

因为截面模量超出所求范围较多，先验算挠度是否满足要求：

$$\nu_1=\frac{5ql_2^4}{384EI_x}+\frac{Fl_2^3}{48EI_x}=17.043\ (\text{mm})>15\ (\text{mm})$$

挠度不满足条件，不能选择工 32c。

由表可知工 36a 的截面系数如下：

$$I_x = 15\ 800\ \text{cm}^4$$
$$W_x = 875\ \text{cm}^3$$

计算梁的自重：

由表可知工 36a 质量为 60.0 kg/m，则

$$g = 1.3 \times 60.0 \times 9.8 \times 10^{-3} \approx 0.764(\text{kN/m})$$

加上自重后均布荷载值为

$$q' = q + g = 20.85 + 0.764 = 21.614(\text{kN/m})$$

先验算挠度是否满足要求：

$$\nu_1 = \frac{5q'l_2^4}{384EI_x} + \frac{Fl_2^3}{48EI_x} = 13.698\ (\text{mm}) < 15\ (\text{mm})$$

跨中挠度满足条件。

$$\nu_2 = \frac{q'l_1^4}{8EI_x} = 1.328\ (\text{mm}) < 16\ (\text{mm})$$

外伸段挠度满足要求。

因为工 36a 的截面模量大出所求范围很多，弯曲正应力和剪应力一定满足条件，严格来说应该再验算一遍，此处简略验算过程。

综上，选择工 36a 截面的热轧普通工字钢。

5-2　工字形焊接组合截面简支梁，其上密铺刚性板可以阻止弯曲平面外变形，如图 5-40 所示。梁上均布荷载(包括梁自重)q=4.5 kN/m，跨中已有一集中荷载 F_0=90 kN，现需在距右端 4 m 处设一集中荷载 F_1。集中力作用处已有支承加劲肋保证局部承压有足够强度。问：根据边缘屈服准则，F_1最大可达多少？设各集中荷载的作用位置距梁顶面为 120 mm，分布长度为 120 mm。钢材的强度设计值取为 300 N/mm²。在所有的已知荷载和所有未知荷载中，都已包含有关荷载的分项系数。

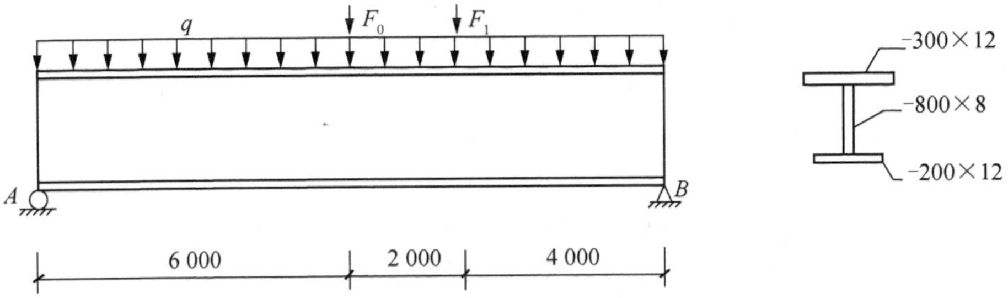

图 5-40　习题 5-2 附图

解：(1)计算截面面积

$$A = 300 \times 12 + 8 \times 800 + 200 \times 12 = 12\ 400(\text{mm}^2)$$

设截面中性轴距离截面底部 x mm，则有

$$(300\times12+800\times8+200\times12)\times x=200\times12\times6+800\times8\times(400+12)+300\times12\times(6+800+12)$$

解得 $x \approx 451$ mm

$$I_x = \frac{1}{12}\times8\times800^3+8\times800\times[451-(800+12+12)\div2]^2+\frac{1}{12}\times300\times12^3+300\times12\times(12+800+6-451)^2\approx1\ 311\ 280\ 133(\text{mm}^4)$$

$$W_x = \frac{I_x}{x} = \frac{1\ 311\ 280\ 133}{451} \approx 2\ 907\ 495(\text{mm}^3)$$

$$S_m = 200 \times 12 \times (451 - 6) + (451 - 12) \times 8 \times \frac{(451 - 12)}{2} = 1\ 838\ 884(\text{mm}^3)$$

$$S_l = 200 \times 12 \times 445 = 1\ 068\ 000(\text{mm}^3)$$

(2)求 F_0、F_1 截面得弯矩

求出支座反力为 $F_A = 72 + \frac{1}{3}F_1$，$F_B = 72 + \frac{2}{3}F_1$

$$M_0 = 6 \times \left(72 + \frac{1}{3}F_1\right) - \frac{1}{2} \times 4.5 \times 6^2 = 351 + 2F_1$$

$$M_1 = 4 \times \left(72 + \frac{2}{3}F_1\right) - \frac{1}{2} \times 4.5 \times 4^2 = 252 + \frac{8}{3}F_1$$

令 $M_1 > M_0$，则 $F_1 > 148.5$ kN 时，最大弯矩发生于 F_1 所在截面。

(3)求梁截面能承受的最大弯矩

按照边缘屈服准则计算梁的屈服弯矩：

$$M_x = W_x f_y = 2\ 907\ 495 \times 300 \times 10^{-6} \approx 872.25(\text{kN} \cdot \text{m})$$

令 $252 + \frac{8}{3}F_1 = 872.25$，得 $F_1 \approx 232.59$ kN。

令 $351 + 2F_1 = 872.25$，得 $F_1 = 260.625$ kN。

故可以假定在截面 F_1 处发生最大弯矩。

(4)验算 F_1 截面处应力

a. 弯曲正应力：

$$\sigma_{\max} = \frac{M_x}{W_x} = \frac{\left(252 + \frac{8}{3}F_1\right) \times 10^6}{2\ 907\ 495} \leqslant 300 \text{ ①}$$

b. 剪应力：

F_1 作用截面处的剪力为 $V_1 = 54 + \frac{2}{3}F_1$，则

$$\tau_{\max} = \frac{V_1 S_m}{I_x t_w} = \frac{\left(54 + \frac{2}{3}F_1\right) \times 10^3 \times 1\ 838\ 884}{1\ 311\ 280\ 133 \times 8} \leqslant \frac{300}{\sqrt{3}} \text{ ②}$$

c. 局部承压应力：

F_1 作用截面处：

$$l_z = a + 5h_y + 2h_R = 120 + 5 \times 12 + 2 \times 120 = 420(\text{mm})$$

右侧支座处：

$$l'_z = a + 2.5h_y + h_R = 120 + 2.5 \times 12 + 120 = 270(\text{mm})$$

在右侧支座处：

$$\sigma_c = \frac{\psi F}{t_w l'_z} = \frac{\left(72 + \frac{2}{3}F_1\right) \times 10^3}{8 \times 270} \leqslant 300 \text{ ③}$$

F_1 作用截面处：

$$\sigma_c = \frac{\psi F}{t_w l_z} = \frac{F_1 \times 10^3}{8 \times 420} \leqslant 300 \text{ ④}$$

d. 折算应力：

F_1 作用截面右侧存在很大的弯矩、剪力和局部承压应力，验算腹板与翼缘交界处折算应力。

正应力：

$$\sigma_1 = \frac{M_x}{W_x}\frac{439}{451} = \frac{\left(252 + \frac{8}{3}F_1\right) \times 10^6}{2\ 907\ 495} \times \frac{439}{451}$$

剪应力：

$$\tau_1 = \frac{V_1 S_l}{I_x t_w} = \frac{\left(54 + \frac{2}{3}F_1\right) \times 10^3 \times 1\ 068\ 000}{1\ 311\ 280\ 133 \times 8}$$

折算应力：

$$\sigma_{zs} = \sqrt{\sigma_1^2 + \sigma_c^2 - \sigma_1\sigma_c + 3\tau_1^2} \leqslant 300 \text{ ⑤}$$

联立上述①～⑤各式可解得，$F_1 \leqslant 232.59$ kN。

5-3　一卷边 Z 形冷弯薄壁型钢，截面规格 160×60×20×3.0，用于屋面檩条，跨度 6 m，如图 5-41 所示。作用于其上的均布荷载垂直于地面，q=1.4 kN/m。试验算檩条是否安全。设檩条在给定荷载下不会发生整体失稳，按边缘屈服准则作强度计算。所给荷载条件中已包含分项系数。钢材强度设计值取为 210 N/mm²。

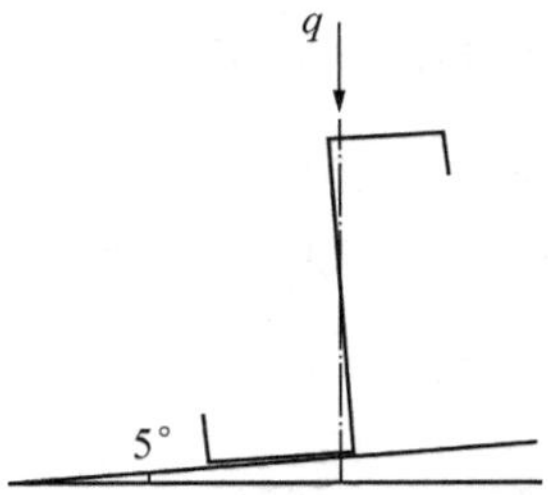

图 5-41　习题 5-3 附图

解：查教材附表 9-17 可知，截面特性为

$$A = 885\ \text{mm}^2,\ \theta = 19°47'$$

$$W_{x1} = 51\ 480\ \text{mm}^3\ W_{y1} = 10\ 580\ \text{mm}^3$$

每米质量为 6.95 kg/m。

自重为 $g = 1.3 \times 6.95 \times 9.8 \approx 88.54(\text{N/m}) \approx 0.089(\text{kN/m})$。

所受均布荷载为 $q' = q + g = 1.4 + 0.089 = 1.489(\text{kN/m})$。

竖向荷载与截面主轴间的夹角 $\alpha_0 = \theta - \alpha = 19°47' - 5° = 14°47'$。

将竖向荷载沿截面主轴分解：

$$q_x = q'\sin\alpha_0 = 1.489 \times \sin 14°47' \approx 0.38(\text{kN/m})$$

$$q_y = q'\cos\alpha_0 = 1.489 \times \cos 14°47' \approx 1.44(\text{kN/m})$$

绕 y 轴最大弯矩：$M_y = \frac{1}{8}q_x l^2 = \frac{1}{8} \times 0.38 \times 6^2 = 1.71(\text{kN}\cdot\text{m})$。

绕 x 轴最大弯矩：$M_x = \frac{1}{8}q_y l^2 = \frac{1}{8} \times 1.44 \times 6^2 = 6.48(\text{kN}\cdot\text{m})$。

受弯强度验算：

$$\frac{M_x}{W_x} + \frac{M_y}{W_y} = \frac{6.48 \times 10^6}{51\ 480} + \frac{1.71 \times 10^6}{10\ 580} \approx 287.50(\text{N/mm})^2 > f = 210(\text{N/mm}^2)$$

其受弯强度不满足条件，檩条不安全。

5-4　一双轴对称工字形截面构件，一端固定，一端外挑 3.5 m，沿构件长度无侧向支承，悬挑端部下挂一重载 F，如图 5-42 所示。若不计构件自重，F 的最大值为多少？钢材强度设计值取为 215 N/mm²。

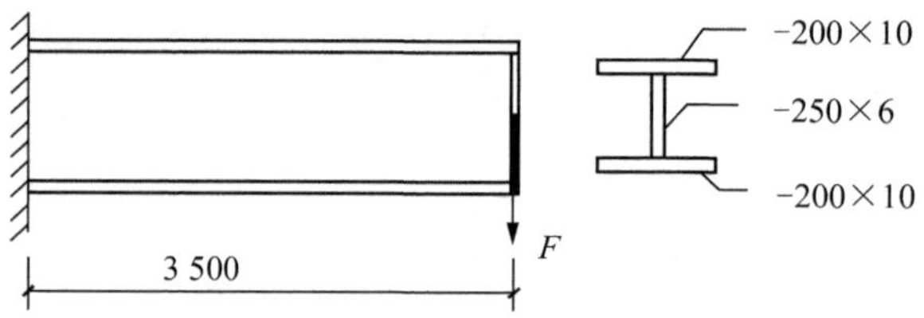

图 5-42　习题 5-4 附图

(1)计算截面特性

翼缘的宽厚比等级 $\frac{b}{t_f} = \frac{200}{10} = 20 = 20\varepsilon_k = 20 \times \sqrt{\frac{235}{235}} = 20$，为 S5 级板件。

腹板的宽厚比等级 $\frac{h_0}{t_w} = \frac{250}{6} \approx 41.67 < 65\varepsilon_k = 65 \times \sqrt{\frac{235}{235}} = 65$，为 S1 级板件。

根据《钢结构设计标准》(GB 50017—2017)的规定，计算受弯构件整体稳定性时，板件宽厚比等级为 S1 时应采取全截面模量，宽厚比等级为 S5 时应采取有效截面模量，均匀受压翼缘有效外伸宽度取 $b_f = 15t_f\varepsilon_k = 15 \times 10 \times \sqrt{\frac{235}{235}} = 150(\text{mm})$。

$$A = 150 \times 10 \times 2 + 250 \times 6 = 4\ 500(\text{mm}^2)$$

$$I_x = \frac{1}{12} \times 150 \times 270^3 - \frac{1}{12} \times (150 - 6) \times 250^3 = 58\ 537\ 500(\text{mm}^4)$$

$$W_x = \frac{I_x}{h/2} = \frac{58\ 537\ 500}{270/2} \approx 433\ 611.11(\text{mm}^3)$$

$$I_y = 2 \times \frac{1}{12} \times 10 \times 150^3 + \frac{1}{12} \times 250 \times 6^3 = 5\ 629\ 500(\text{mm}^4)$$

$$i_y = \sqrt{\frac{I_y}{A}} = \sqrt{\frac{5\ 629\ 500}{4\ 500}} \approx 35.37(\text{mm})$$

$$\lambda_y = \frac{l_1}{i_y} = \frac{3\ 500}{35.37} \approx 98.95$$

(2)计算梁的整体稳定系数

$$\varphi_b = \beta_b \frac{4\ 320}{\lambda_y^2} \frac{Ah}{W_x} \left[\sqrt{1 + \left(\frac{\lambda_y t_1}{4.4h}\right)^2} + \eta_b\right] \varepsilon_k$$

查《钢结构设计标准》(GB 50017—2017)表 C.0.4，由于荷载作用于形心处，按照表格中上下翼缘的平均值取值：

$$0.6 < \xi = \frac{l_1 t_1}{b_1 h} = \frac{3\,500 \times 10}{150 \times 270} \approx 0.86 < 1.24$$

$$\beta_b = \frac{1}{2} \times (0.21 + 0.67\xi + 2.94 - 0.65\xi)$$
$$= \frac{1}{2} \times (0.21 + 0.67 \times 0.86 + 2.94 - 0.65 \times 0.86) \approx 1.58$$

截面双轴对称，$\eta_b = 0$。

$$\varphi_b = \beta_b \frac{4\,320}{\lambda_y^2} \frac{Ah}{W_x} \left[\sqrt{1 + \left(\frac{\lambda_y t_1}{4.4h} \right)^2} + \eta_b \right] \varepsilon_k$$
$$= 1.58 \times \frac{4\,320}{98.95^2} \times \frac{4\,500 \times 270}{433\,611.11} \times \sqrt{1 + \left(\frac{98.95 \times 10}{4.4 \times 270} \right)^2}$$
$$\approx 2.542 > 0.6$$

$$\varphi'_b = 1.07 - \frac{0.282}{\varphi_b} = 1.07 - \frac{0.282}{2.542} \approx 0.959$$

(3)计算 F 最大值

$$\frac{M}{\varphi'_b W_x} = \frac{3\,500 \times F}{0.959 \times 433\,611.11} \leqslant f = 215(\text{N/mm}^2)$$，可解得

$$F \leqslant 25.54\ \text{kN}$$

5-5　一双轴对称工字形截面构件，两端简支，除两端外无侧向支承，跨中作用一集中荷载 F=520 kN，如图 5-43 所示。如以保证构件的整体稳定为控制条件，构件的最大长度 l 的上限是多少？设钢材的屈服点为 235 N/mm²(计算本题时不考虑各种分项系数)。

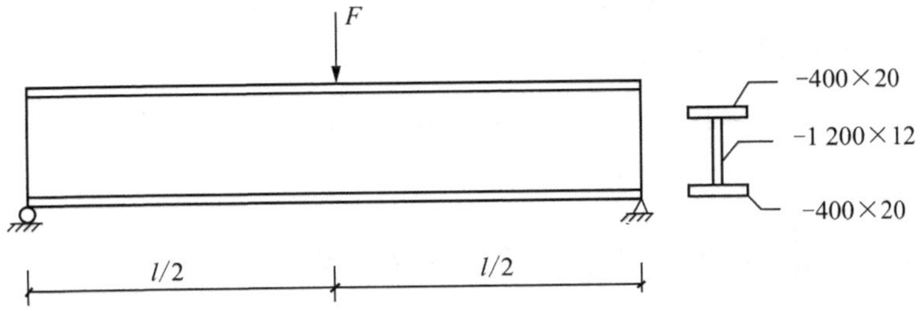

图 5-43　习题 5-5 附图

解：(1)计算截面特性

翼缘的宽厚比等级 $\frac{b}{t_f} = \frac{400}{20} = 20 = 20\varepsilon_k = 20 \times \sqrt{\frac{235}{235}} = 20$，为 S5 级板件。

腹板的宽厚比等级 $\frac{h_0}{t_w} = \frac{1\,200}{12} = 100 < 124\varepsilon_k = 124 \times \sqrt{\frac{235}{235}} = 124$，为 S4 级板件。

根据《钢结构设计标准》(GB 50017—2017)的规定，计算受弯构件整体稳定性时，板件宽厚比等级为 S4 时应采取全截面模量，宽厚比等级为 S5 时应采取有效截面模量，均匀受压翼缘有效外伸宽度取 $b_f = 15 t_f \varepsilon_k = 15 \times 20 \times \sqrt{\frac{235}{235}} = 300(\text{mm})$。

$$A = 300 \times 20 \times 2 + 1\ 200 \times 12 = 26\ 400(\text{mm}^2)$$

$$I_x = \frac{1}{12} \times 300 \times 1\ 240^3 - \frac{1}{12} \times (300 - 12) \times 1\ 200^3 = 6\ 193\ 600\ 000(\text{mm}^4)$$

$$W_x = \frac{I_x}{h/2} = \frac{6\ 193\ 600\ 000}{1\ 240/2} \approx 9\ 989\ 677.4(\text{mm}^3)$$

$$I_y = 2 \times \frac{1}{12} \times 20 \times 300^3 + \frac{1}{12} \times 1\ 200 \times 12^3 = 90\ 172\ 800(\text{mm}^4)$$

$$i_y = \sqrt{\frac{I_y}{A}} = \sqrt{\frac{90\ 172\ 800}{26\ 400}} \approx 58.44(\text{mm})$$

(2)计算梁的整体稳定系数

先假设 l 为 6 m。

$$\lambda_y = \frac{l_1}{i_y} = \frac{6\ 000}{58.44} \approx 102.67$$

$$\varphi_b = \beta_b \frac{4\ 320}{\lambda_y^2} \frac{Ah}{W_x} \left[\sqrt{1 + \left(\frac{\lambda_y t_1}{4.4h} \right)^2} + \eta_b \right] \varepsilon_k$$

查《钢结构设计标准》(GB 50017—2017)表 C. 0. 1，有

$$\xi = \frac{l_1 t_1}{b_1 h} = \frac{6\ 000 \times 20}{300 \times 1\ 240} \approx 0.32 < 2.0$$

$$\beta_b = 0.73 + 0.18\xi = 0.73 + 0.18 \times 0.32 \approx 0.788$$

截面双轴对称，$\eta_b = 0$。

$$\varphi_b = \beta_b \frac{4\ 320}{\lambda_y^2} \frac{Ah}{W_x} \left[\sqrt{1 + \left(\frac{\lambda_y t_1}{4.4h} \right)^2} + \eta_b \right] \varepsilon_k$$

$$= 0.788 \times \frac{4\ 320}{102.67^2} \times \frac{26\ 400 \times 1\ 240}{9\ 989\ 677.4} \times \sqrt{1 + \left(\frac{102.67 \times 20}{4.4 \times 1\ 240} \right)^2}$$

$$\approx 1.131 > 0.6$$

$$\varphi_b' = 1.07 - \frac{0.282}{\varphi_b} = 1.07 - \frac{0.282}{1.131} \approx 0.821$$

(3)整体稳定计算

由整体稳定有 $\frac{M}{\varphi_b' W_x} \leqslant f$，即 $\frac{1}{4} Fl \leqslant \varphi_b' W_x f$，则

$$l \leqslant \frac{4\varphi_b' W_x f}{F} = \frac{4 \times 0.821 \times 9\ 989\ 677.3 \times 235}{520 \times 10^3} \approx 14\ 825.83(\text{mm}) \approx 14.83(\text{m})$$

得 $l \leqslant 14.83$ m。

之后根据得到的不等式，继续假设 l 的数值，重复上面的过程，不断迭代，求得最终的长度。这里只列出了迭代的第一步。

5-6　按弹性设计验算如图 5-44 所示梁的强度与刚度。已知永久荷载的标准值 $q_1 =$ 15 kN/m，可变荷载的标准值 $q_2 = 20$ kN/m，截面 $I_x = 2\ 370\ \text{cm}^4$，$t_w = 12$ mm，$I_x/S_x =$ 17.2 cm，$E = 2.06 \times 10^5\ \text{N/mm}^2$，$f = 235\ \text{N/mm}^2$，$[v/l] = \frac{1}{250}$，$f_v = 125\ \text{N/mm}^2$。

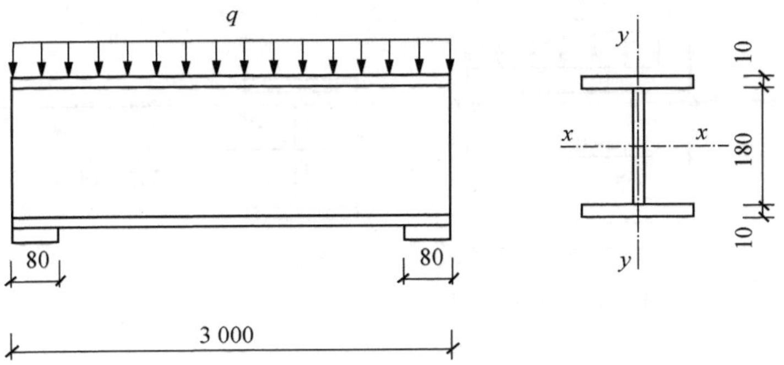

图 5-44　习题 5-6 附图

解：

$$I_x = 2\ 370\ \text{cm}^4 = 2.37 \times 10^7\ \text{mm}^4$$

$$W_x = \frac{I_x}{h/2} = \frac{2.37 \times 10^7}{100} = 2.37 \times 10^5 (\text{mm}^3)$$

$$S_x = I_x/(17.2 \times 10) = 137\ 790.70 (\text{mm}^3)$$

梁所受均布荷载设计值：$q = 1.3q_1 + 1.5q_2 = 1.3 \times 15 + 1.5 \times 20 = 49.5(\text{kN/m})$。

梁跨中最大弯矩：$M = \frac{1}{8}ql^2 = \frac{1}{8} \times 49.5 \times 3^2 \approx 55.69\ (\text{kN} \cdot \text{m})$。

梁承受的最大剪力在两侧支座处：$V = \frac{1}{2}ql = \frac{1}{2} \times 49.5 \times 3 = 74.25(\text{kN})$。

①验算梁的强度：

弯曲正应力：

$$\sigma_{\max} = \frac{M_x}{W_x} = \frac{55.69 \times 10^6}{2.37 \times 10^5} = 234.98(\text{N/mm}^2) \leqslant f = 235(\text{N/mm}^2)$$

剪应力：

$$\tau_{\max} = \frac{VS_m}{I_x t_w} = \frac{74.25 \times 10^3 \times 137\ 790.70}{2.37 \times 10^7 \times 12} \approx 35.97(\text{N/mm}^2) \leqslant f_v = 125(\text{N/mm}^2)$$

局部承压应力：

支座反力的假定分布长度：$l_z = a + 2.5h_y + h_R = 80 + 2.5 \times 10 + 0 = 105(\text{mm})$。

$$\sigma_c = \frac{\psi F}{t_w l_z} = \frac{1 \times 74.25 \times 10^3}{12 \times 105} \approx 58.93(\text{N/mm}^2) \leqslant f = 235(\text{N/mm}^2)$$

②验算梁的刚度：

梁所受均布荷载标准值：$q_k = q_1 + q_2 = 15 + 20 = 35(\text{kN/m})$。

$$\nu_1 = \frac{5q_k l_2^4}{384EI_x} = \frac{5 \times 35 \times 3\ 000^4}{384 \times 2.06 \times 10^5 \times 2.37 \times 10^7} \approx 7.56(\text{mm}) < \frac{l}{250} = 12(\text{mm})$$

综上，梁的强度和刚度均满足要求。

5-7　一等截面焊接简支梁，在均布荷载 q 作用下，如图 5-45 所示，跨中有一侧向支承点，已知钢材为 Q235B，$I_x = 391\ 600\ \text{cm}^4$，$\beta_b = 1.15$，$f = 215\ \text{N/mm}^2$。试按整体稳定要求，计算梁所能承受的最大均布荷载 q(设计值)。

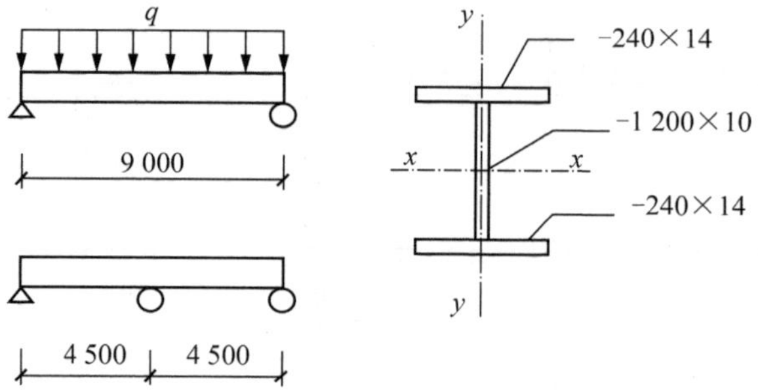

图 5-45　习题 5-7 附图

解：(1)计算截面特性

$$\varepsilon_k = \sqrt{\frac{235}{235}} = 1$$

翼缘的宽厚比等级 $15\varepsilon_k < \dfrac{b}{t_f} = \dfrac{240}{14} = 17.14 < 20\varepsilon_k$，为 S5 级板件。

腹板的宽厚比等级 $93\varepsilon_k < \dfrac{h_0}{t_w} = \dfrac{1\ 200}{10} = 120 < 124\varepsilon_k$，为 S4 级板件。

根据《钢结构设计标准》(GB 50017—2017)的规定，计算受弯构件整体稳定性时，板件宽厚比等级为 S4 时应采取全截面模量，宽厚比等级为 S5 时应采取有效截面模量，均匀受压翼缘有效外伸宽度取 $b_f = 15t_f\varepsilon_k = 15 \times 14 \times \sqrt{\dfrac{235}{235}} = 210(\text{mm})$。

$$A = 210 \times 14 \times 2 + 1\ 200 \times 10 = 17\ 880(\text{mm}^2)$$

$$I_x = \frac{1}{12} \times 210 \times 1\ 228^3 - \frac{1}{12} \times (210 - 10) \times 1\ 200^3 = 3\ 606\ 576\ 160(\text{mm}^4)$$

$$W_x = \frac{I_x}{h/2} = \frac{3\ 606\ 576\ 160}{1\ 228/2} \approx 5\ 873\ 902.54(\text{mm}^3)$$

$$I_y = 2 \times \frac{1}{12} \times 14 \times 210^3 + \frac{1}{12} \times 1\ 200 \times 10^3 = 21\ 709\ 000(\text{mm}^4)$$

$$i_y = \sqrt{\frac{I_y}{A}} = \sqrt{\frac{21\ 709\ 000}{17\ 880}} \approx 34.84(\text{mm})$$

(2)计算梁的整体稳定系数

由于跨中有侧向支撑 l 为 4.5 m，则

$$\lambda_y = \frac{l_1}{i_y} = \frac{4\ 500}{34.84} = 129.16$$

$$\varphi_b = \beta_b \frac{4\ 320}{\lambda_y^2} \frac{Ah}{W_x} \left[\sqrt{1 + \left(\frac{\lambda_y t_1}{4.4h}\right)^2} + \eta_b\right] \varepsilon_k$$

查《钢结构设计标准》(GB 50017—2017)表 C.0.1，有

$$\beta_b = 1.15$$

截面双轴对称，$\eta_b = 0$。

$$\varphi_b = \beta_b \frac{4\ 320}{\lambda_y^2} \frac{Ah}{W_x} \left[\sqrt{1 + \left(\frac{\lambda_y t_1}{4.4h} \right)^2} + \eta_b \right] \varepsilon_k$$

$$= 1.15 \times \frac{4\ 320}{129.16^2} \times \frac{17\ 880 \times 1\ 228}{5\ 873\ 902.54} \times \sqrt{1 + \left(\frac{129.16 \times 14}{4.4 \times 1\ 228} \right)^2}$$

$$\approx 1.174 > 0.6$$

$$\varphi'_b = 1.07 - \frac{0.282}{\varphi_b} = 1.07 - \frac{0.282}{1.174} \approx 0.830$$

(3)整体稳定计算

由整体稳定有 $\frac{M}{\varphi'_b W_x} = \frac{\frac{1}{8} q l^2}{\varphi'_b W_x} \leqslant f$，即 $q \leqslant \frac{8\varphi'_b W_x f}{l^2} \approx 103.53$ (kN/m)。

第 6 章　拉弯与压弯构件

一、思考题

6-1　试述在进行组合截面拉弯、压弯构件设计时，应分别满足的要求。

答：在进行拉弯和压弯构件设计时，构件需同时满足承载能力极限状态和正常使用极限状态的要求。拉弯构件需计算其强度和刚度(限制长细比)；压弯构件除了强度和刚度(限制长细比)外，还需计算整体稳定(弯矩作用平面内稳定和弯矩作用平面外稳定)和局部稳定。

6-2　简述拉弯和压弯构件，在 N、M 共同作用下，截面应力的发展过程。

答：在轴向力和弯矩作用下，随着弯矩不断增加，截面上应力发展经历四个阶段：

①边缘纤维的最大应力达到屈服点前，整个截面仍处于弹性阶段。

②最大应力达到屈服点后，随着弯矩增大截面一侧部分发展塑性。

③两侧截面均出现部分塑性。

④整个截面进入塑性，构件达到承载能力极限状态。

6-3　试述《钢结构设计标准》(GB 50017—2017)给定的压弯构件弯矩作用平面内的整体稳定计算公式的确定原则。

答：《钢结构设计标准》(GB 50017—2017)采用了弹性压弯构件边缘纤维屈服准则相关公式的形式[式(1)]，引入等效弯矩系数和抗力分项系数，得到轴力 N 和弯矩 M 共同作用下格构式压弯构件绕虚轴平面内稳定计算的相关公式[式(2)]；实腹式压弯构件当受压最大边缘刚屈服时尚有较大的强度储备(即容许截面发生塑性)，《钢结构设计标准》(GB 50017—2017)采用数值计算方法(逆算单元长度法)，计算弯曲应力时考虑了截面的塑性发展和二阶弯矩，对于初弯曲$\left(\frac{l}{1\,000}\right)$和残余应力的影响，用等效偏心距综合考虑，提出近似相关公式[式(3)]。式(3)仅适用于弯矩沿杆长均匀分布的两端铰接压弯构件。当弯矩为非均匀分布时，构件的实际承载能力将比式(3)计算值高。为了把式(3)推广应用于其他荷载作用时的压弯构件，可用等效弯矩 $\beta_{mx}M_x$ 代替公式中的 M_x 来考虑这种有利因素。另外，考虑部分截面发展塑性，采用 $W_{px}=\gamma_x W_{1x}$，并引入抗力分项系数，即得到《钢结构设计标准》(GB 50017—2017)采用的实腹式压弯构件弯矩作用平面内的稳定计算式(4)：

$$\frac{N}{\varphi_x A}+\frac{M_x}{W_{1x}\left(1-\varphi_x \frac{N}{N_{Ex}}\right)}=f_y \tag{1}$$

$$\frac{N}{\varphi_x A f}+\frac{M_x}{W_{1x}\left(1-\varphi_x \frac{N}{N'_{Ex}}\right)}\leqslant 1.0 \tag{2}$$

$$\frac{N}{\varphi_x A f}+\frac{M_x}{W_{px}\left(1-0.8 \frac{N}{N'_{Ex}}\right)f}\leqslant 1.0 \tag{3}$$

$$\frac{N}{\varphi_x A f}+\frac{\beta_{mx} M_x}{\gamma_x W_{1x}\left(1-0.8 \frac{N}{N'_{Ex}}\right)f}\leqslant 1.0 \tag{4}$$

6-4 简述单向压弯构件平面内稳定和平面外稳定的联系与区别。

答：压弯构件在轴向压力和弯矩共同作用下，当其抵抗弯曲变形能力很强，或者构件的侧面有足够多的支撑以阻止其发生弯曲变形时，则构件可能在弯矩作用平面内发生弯曲失稳。否则，还可能发生在弯矩作用平面外的弯扭失稳。因此压弯构件的整体稳定包括弯矩作用平面内的弯曲失稳和弯矩作用平面外的弯扭失稳，计算时需要考虑这两方面的稳定性。

其不同点在于：①刚度不同。关于板的面内面外，通常刚性板假定面内刚度无穷大，面外刚度为零。站在地面，目光平视看到的板的方向就是面内方向，面内刚度即水平方向的板的刚度。这个时候如果视板为一个构件，简单地认为其轴向刚度无穷大。面外方向就是水平板的垂直方向，站在楼板上，自身身体的方向就是面外方向。这个时候其抗弯刚度视为零，即分析时不考虑。②弯矩作用不同。对单向偏压构件，弯矩所在的平面即弯矩作用平面内，是按照压弯构件计算的，弯矩作用平面内就是取一个柱横截面，做一个垂直于柱横截面的平面，弯矩在这个平面内，这个平面就是弯矩作用平面。相关标准规定在弯矩作用平面外按轴压构件验算。

6-5 简述单向压弯构件局部稳定计算应力梯度的意义和具体计算公式。

答：应力梯度的绝对值反映了应力在某一方向变化的快慢情况。应力梯度绝对值大，表明应力变化快；绝对值小，表明应力变化慢。应力梯度计算公式如下：

$$\alpha_0=\frac{\sigma_{max}-\sigma_{min}}{\sigma_{max}}$$

式中，σ_{max}为腹板计算高度边缘的最大应力；σ_{min}为腹板计算高度另一边缘的应力，压应力取正值，拉应力取负值。

6-6 简述实腹式压弯构件和格构式压弯构件计算内容的区别。

答：格构式单向压弯构件的计算，与实腹式相比，除了要初选截面，进行强度、刚度计算，弯矩作用平面内整体稳定计算，局部稳定计算外，还要进行分肢稳定计算和缀材设计。

6-7 压弯构件翼缘宽厚比为什么与长细比 λ 无关？这一限值是根据什么原则确定下来的？

答：翼缘宽厚比是指翼缘自由外伸宽度与厚度之比，与杆件长细比 λ 无关。这一限值是根据等强度准则确定下来的。

6-8　试述工字形截面压弯构件翼缘与受弯构件翼缘宽厚比的关系。

答：压弯构件的受压翼缘，其应力情况与梁受压翼缘的情况基本相同，尤其是由强度控制设计时更是如此，因此工字形截面压弯构件翼缘的自由外伸宽度与厚度之比与受弯构件受压翼缘的宽厚比的值相同。对于 S4 级截面的压弯构件，$b/t \leqslant 15\varepsilon_k$。若考虑截面有限塑性发展，则 $b/t \leqslant 13\varepsilon_k$，即满足 S3 级截面的要求。$b$、$t$ 分别为翼缘的自由外伸宽度和厚度。

二、习题

6-1　某构件采用工 20a 的工字钢，钢材为 Q235B，承受轴心拉力设计值 N=450 kN，长 5 m，两端铰接，求此工字钢构件绕强轴和弱轴可以承受的横向均布荷载。

解：查教材附表 9-5，得工 20a 相关数据：

$$A = 35.55\ \text{cm}^2, W_x = 237\ \text{cm}^3, W_y = 31.5\ \text{cm}^3$$

(1)绕强轴

$$\frac{N}{A_n} + \frac{M_x}{\gamma_x W_{nx}} = \frac{450\times10^3}{35.55\times10^2} + \frac{M_x}{1.05\times237\times10^3} \leqslant 215(\text{N/mm}^2)$$

$$M_x \leqslant 22\ \text{kN}\cdot\text{m}$$

$$M_x = \frac{1}{8}\times q_x \times 5^2$$

$$q_x \leqslant 7.04\ \text{kN/m}$$

(2)绕弱轴

$$\frac{N}{A_n} + \frac{M_y}{\gamma_y W_{ny}} = \frac{450\times10^3}{35.55\times10^2} + \frac{M_y}{1.2\times31.5\times10^3} \leqslant 215(\text{N/mm}^2)$$

$$M_y \leqslant 3.34\ \text{kN}\cdot\text{m}$$

$$M_y = \frac{1}{8}\times q_y \times 5^2$$

$$q_y \leqslant 1.07\ \text{kN/m}$$

6-2　两端铰接的拉弯构件承受的荷载如图 6-17 所示，构件截面无削弱，试确定构件所能承受的最大轴心拉力设计值。截面为工 45a 轧制工字钢，钢材为 Q235。

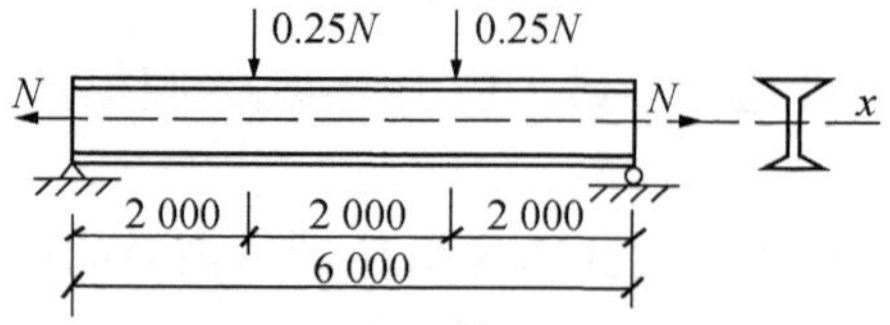

图 6-17　习题 6-2 附图

解：查教材附表 9-5，得工 45a 相关数据：

$$A=102.4\ \text{cm}^2,\ W_x=1\ 430\ \text{cm}^3,\ \gamma_x=1.05$$

且有 $M_{max}=0.5N$ kN·m，则

$$\sigma_1 = \frac{N}{A_n} + \frac{M_x}{\gamma_x W_{nx}} = \frac{N\times10^3}{102.4\times10^2} + \frac{0.5N\times10^6}{1.05\times1\ 430\times10^3} \leqslant f = 215(\text{N/mm}^2)$$

解得 $N \leqslant 500$ kN。

$$\sigma_2 = \frac{N}{A_n} - \frac{M_x}{\gamma_x W_{nx}} = \frac{N \times 10^3}{102.4 \times 10^2} - \frac{0.5N \times 10^6}{1.05 \times 1\,430 \times 10^3} \leqslant f = 215(\text{N/mm}^2)$$

解得 $N \leqslant 914$ kN。

所以该构件能承受的最大拉力为 500 kN。

6-3 单向压弯构件如图 6-18 所示，两端铰接。已知承受轴心压力设计值 $N=400$ kN，端弯矩设计值 $M_A=100$ kN·m，$M_B=50$ kN·m，均为顺时针方向作用在构件端部，为静力荷载。构件长 $l=6.0$ m，在构件两端及跨中点各有一侧向支承点。构件截面为工 36a，钢材为 Q235。试验算此构件的稳定和截面强度，并说明构件承载力由何种条件控制。

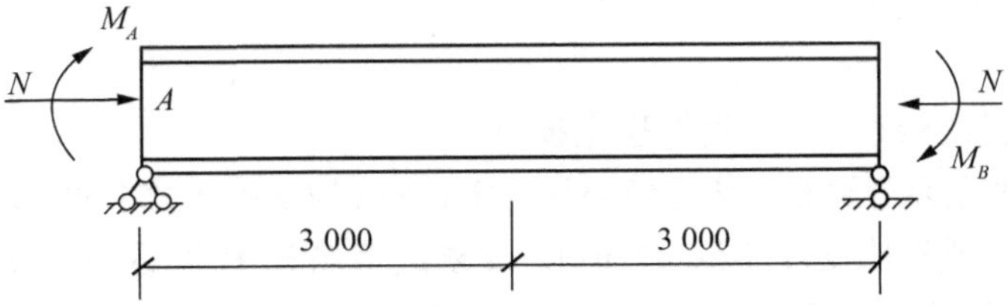

图 6-18 习题 6-3 附图

解：查教材附表 9-5，得工 36a 相关数据：

$A = 76.44$ cm^2，$W_x = 875$ cm^3，$i_x = 14.4$ cm，$W_y = 81.2$ cm^3，$i_y = 2.69$ cm

$l_{0x} = 6$ m，$l_{0y} = 3$ m，该截面对 x 轴为 a 类截面，对 y 轴为 b 类截面。

(1)强度验算

$$\frac{N}{A_n} + \frac{M_x}{\gamma_x W_{nx}} = \frac{400 \times 10^3}{76.44 \times 10^2} + \frac{100 \times 10^6}{1.05 \times 875 \times 10^3} \approx 52.33 + 108.8 = 161.13(\text{N/mm}^2) < 215(\text{N/mm}^2)$$

满足要求。

(2)平面内稳定验算

$$\lambda_x = \frac{l_{0x}}{i_x} = \frac{6\,000}{14.4 \times 10} \approx 42,$$

查教材附表 3-1,得 $\varphi_x = 0.937$。

$$\beta_{mx} = 0.6 + 0.4 \times \frac{-50}{100} = 0.4$$

$$N'_{Ex} = \frac{\pi^2 EA}{1.1\lambda_x^2} = 8\,001\ (\text{kN})$$

$$\frac{N}{\varphi_x A f} + \frac{\beta_{mx} M_x}{\gamma_x W_{1x}\left(1 - 0.8\frac{N}{N'_{Ex}}\right) f}$$

$$= \frac{400 \times 1\,000}{0.937 \times 76.44 \times 10^2 \times 215} + \frac{0.4 \times 100 \times 10^6}{1.05 \times 875 \times 10^3 \times \left(1 - 0.8 \times \frac{400}{8\,001}\right) \times 215}$$

$$\approx 0.260 + 0.211 = 0.471 < 1.0$$

满足要求。

(3)平面外稳定验算

$$\lambda_y = \frac{l_{0y}}{i_y} = \frac{3\ 000}{2.69 \times 10} \approx 111.5$$

查教材附表 3-1,并通过插值法求得 $\varphi_y = 0.484$。

$$\beta_{tx} = 0.65 + 0.35 \times \frac{-50}{100} = 0.475, \eta = 1.0$$

$$\varphi_b = 1.07 - \frac{\lambda_y^2}{44\ 000\varepsilon_k^2} \approx 0.787$$

$$\frac{N}{\varphi_y A f} + \eta \frac{\beta_{tx} M_x}{\varphi_b \gamma_x W_{1x} f}$$

$$= \frac{400 \times 1\ 000}{0.484 \times 76.44 \times 10^2 \times 215} + 1.0 \times \frac{0.475 \times 100 \times 10^6}{0.787 \times 1.05 \times 875 \times 10^3 \times 215}$$

$$\approx 0.503 + 0.306 = 0.809 < 1.0$$

满足要求。

综上所述，构件承载力由平面外稳定控制。

6-4　如图 6-19 所示悬臂柱，承受偏心距为 250 mm 的设计压力 1 600 kN。在弯矩作用平面外有支撑体系对柱上端形成支点[图 6-19(b)]，要求选定热轧 H 型钢或焊接工字形截面，钢材为 Q235(注：当选用焊接工字形截面时，可试用翼缘 2－400×20，焰切边，腹板 1－460×12)。

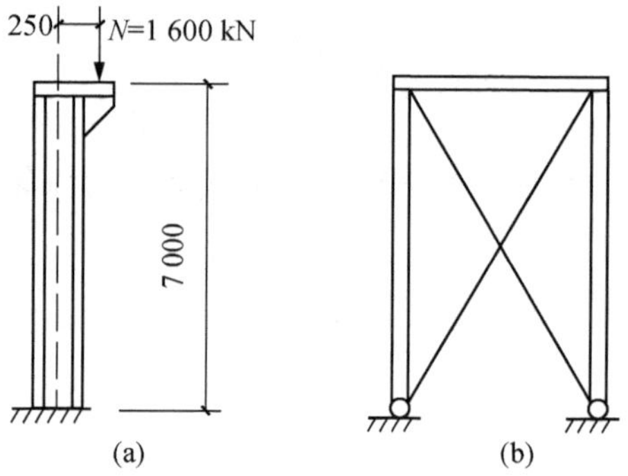

图 6-19　习题 6-4 附图

解: 采用焊接工字形截面 H500×400×12×20，则有

$$A = 215.2\ \text{cm}^2$$

$$I_x = \frac{1}{12} \times 12 \times 460^3 + 2 \times \left[\frac{1}{12} \times 400 \times 20^3 + 400 \times 20 \times (230 + 10)^2\right] \approx 101\ 946.9(\text{cm}^4)$$

$$W_x = 4\ 077.9\ \text{cm}^3,\ i_x = 21.8\ \text{cm}$$

$$I_y = \frac{1}{12} \times 460 \times 12^3 + 2 \times \frac{1}{12} \times 20 \times 400^3 \approx 21\ 340(\text{cm}^4)$$

$$W_y = 1\ 067\ \text{cm}^3,\ i_y = 9.69\ \text{cm}$$

(1)验算强度

$$M_x = 1\ 600 \times 0.25 = 400(\text{kN} \cdot \text{m})$$

$$\frac{N}{A_n} + \frac{M_x}{\gamma_x W_{nx}} = \frac{1\ 600 \times 10^3}{215.2 \times 10^2} + \frac{400 \times 10^6}{1.05 \times 4\ 077.9 \times 10^3} \approx 74.35 + 93.42$$

$$= 167.77(\text{N/mm}^2) < 205(\text{N/mm}^2)$$

(2)平面内稳定验算

$$\lambda_x = \frac{2 \times 7\ 000}{218} \approx 64 < [\lambda] = 150$$

查教材附表 3-2，得 $\varphi_x = 0.785$ 。

$$N'_{\mathrm{E}x} = \frac{\pi^2 EA}{1.1\lambda_x^2} = \frac{3.14^2 \times 206 \times 10^3 \times 215.2 \times 10^2}{1.1 \times 64^2} = 9\ 701\ (\mathrm{kN})$$

$$\beta_{\mathrm{m}x} = 1.0$$

$$\frac{N}{\varphi_x A} + \frac{\beta_{\mathrm{m}x} M_x}{\gamma_x W_{1x}\left(1 - 0.8\dfrac{N}{N'_{\mathrm{E}x}}\right)}$$

$$= \frac{1\ 600 \times 10^3}{0.785 \times 215.2 \times 10^2} + \frac{1.0 \times 400 \times 10^6}{1.05 \times 4\ 077.9 \times 10^3 \times \left(1 - 0.8 \times \dfrac{1\ 600}{9\ 701}\right)}$$

$$\approx 94.71 + 107.62 = 202.33(\mathrm{N/mm^2}) < 205(\mathrm{N/mm^2})$$

(3)验算弯矩作用平面外的稳定

$$\lambda_y = \frac{7\ 000}{96.9} \approx 72 < [\lambda] = 150$$

查教材附表 2-2，得 $\varphi_y = 0.738$。

$$\varphi_{\mathrm{b}} = 1.07 - \frac{\lambda_y^2}{44\ 000} = 1.07 - \frac{72^2}{44\ 000} \approx 0.952$$

$$\beta_{\mathrm{t}x} = 1.0, \eta = 1.0$$

$$\frac{N}{\varphi_y A} + \eta \frac{\beta_{\mathrm{t}x} M_x}{\varphi_{\mathrm{b}} W_{1x}}$$

$$= \frac{1\ 600 \times 10^3}{0.738 \times 215.2 \times 10^2} + 1.0 \times \frac{1.0 \times 400 \times 10^6}{0.952 \times 4\ 077.9 \times 10^3}$$

$$\approx 100.74 + 103.04 = 203.78(\mathrm{N/mm^2}) < 205(\mathrm{N/mm^2})$$

(4)验算局部稳定

$$\sigma_{\max} = \frac{N}{A} + \frac{M_x}{I_x} \cdot \frac{h_0}{2} = \frac{1\ 600 \times 10^3}{215.2 \times 10^2} + \frac{400 \times 10^6}{101\ 946.9 \times 10^4} \times \frac{460}{2} \approx 74.35 + 90.24 = 164.59(\mathrm{N/mm^2})$$

$$\sigma_{\min} = \frac{N}{A} - \frac{M_x}{I_x} \cdot \frac{h_0}{2} = \frac{1\ 600 \times 10^3}{215.2 \times 10^2} - \frac{400 \times 10^6}{101\ 946.9 \times 10^4} \times \frac{460}{2} = 74.35 - 90.24 = -15.89(\mathrm{N/mm^2})$$

$$\alpha_0 = \frac{164.59 + 15.89}{164.59} \approx 1.1 < 1.6$$

腹板：

$$\frac{h_0}{t_{\mathrm{w}}} \approx \frac{460}{12} = 38.3$$

$$< (16\alpha_0 + 0.5\lambda_x + 25)\sqrt{\frac{235}{f_{\mathrm{y}}}} = (16 \times 1.10 + 0.5 \times 64 + 25) \times 1 = 74.6$$

翼缘：

$$\frac{b}{t} = \frac{200 - 6}{20} = 9.7 < 13\sqrt{\frac{235}{f_{\mathrm{y}}}} = 13$$

满足要求。

6-5　习题 6-4 中，如果弯矩作用平面外的支撑改为如图 6-20 所示，所选截面需要如何调整才能适应？调整后柱截面面积可以减少多少？

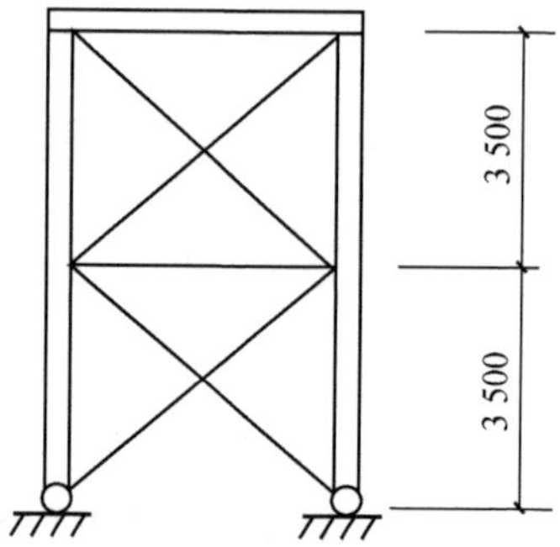

图 6-20　习题 6-5 附图

解：采用焊接工字形截面 H500×400×12×20，则有

$$A=215.2\ \text{cm}^2$$

$$I_x=\frac{1}{12}\times12\times460^3+2\times\left[\frac{1}{12}\times400\times20^3+400\times20\times(230+10)^2\right]=101\ 946.9(\text{cm}^4)$$

$$W_x=4\ 077.9\ \text{cm}^3,\ i_x=21.8\ \text{cm}$$

$$I_y=\frac{1}{12}\times460\times12^3+2\times\frac{1}{12}\times20\times400^3\approx21\ 340(\text{cm}^4)$$

$$W_y=1\ 067\ \text{cm}^3,\ i_y=9.69\ \text{cm}$$

(1)验算强度

$$M_x=1\ 600\times0.25=400(\text{kN}\cdot\text{m})$$

$$\frac{N}{A_n}+\frac{M_x}{\gamma_xW_{nx}}=\frac{1\ 600\times10^3}{215.2\times10^2}+\frac{400\times10^6}{1.05\times4\ 077.9\times10^3}=74.35+93.42$$

$$=167.77(\text{N/mm}^2)<205(\text{N/mm}^2)$$

(2)平面内稳定验算

$$\lambda_x=\frac{14\ 000}{218}\approx64<[\lambda]=150$$

查教材附表 3-2，得 $\varphi_x=0.785$ 。

$$N'_{Ex}=\frac{\pi^2EA}{1.1\lambda_x^2}=\frac{3.14^2\times206\times10^3\times215.2\times10^2}{1.1\times64^2}=9\ 701(\text{kN})$$

$$\beta_{mx}=1.0$$

$$\frac{N}{\varphi_xA}+\frac{\beta_{mx}M_x}{\gamma_xW_{1x}\left(1-0.8\dfrac{N}{N'_{Ex}}\right)}$$

$$=\frac{1\ 600\times10^3}{0.785\times215.2\times10^2}+\frac{1.0\times400\times10^6}{1.05\times4\ 077.9\times10^3\times\left(1-0.8\times\dfrac{1\ 600}{9\ 701}\right)}$$

$$\approx94.71+107.62=202.33(\text{N/mm}^2)<205(\text{N/mm}^2)$$

(3)验算弯矩作用平面外的稳定

$$\lambda_y=\frac{3\ 500}{96.9}\approx36<[\lambda]=150$$

查教材附表 3-2，得：$\varphi_y = 0.914$。

$$\varphi_b = 1.07 - \frac{\lambda_y^2}{44\,000} = 1.07 - \frac{36^2}{44\,000} \approx 1.04 > 1.0，取\ \varphi_b = 1.0。$$

$$\beta_{tx} = 1.0, \eta = 1.0$$

$$\frac{N}{\varphi_y A} + \eta \frac{\beta_{tx} M_x}{\varphi_b W_{1x}}$$

$$= \frac{1\,600 \times 10^3}{0.914 \times 215.2 \times 10^2} + 1.0 \times \frac{1.0 \times 400 \times 10^6}{1.0 \times 4\,077.9 \times 10^3}$$

$$\approx 81.34 + 98.09 = 179.43(\mathrm{N/mm^2}) < 205(\mathrm{N/mm^2})$$

(4)验算局部稳定

$$\sigma_{max} = \frac{N}{A} + \frac{M_x}{I_x} \cdot \frac{h_0}{2} = \frac{1\,600 \times 10^3}{215.2 \times 10^2} + \frac{400 \times 10^6}{101\,946.9 \times 10^4} \times \frac{460}{2}$$

$$\approx 74.35 + 90.24 = 164.59(\mathrm{N/mm^2})$$

$$\sigma_{min} = \frac{N}{A} - \frac{M_x}{I_x} \cdot \frac{h_0}{2} = \frac{1\,600 \times 10^3}{215.2 \times 10^2} - \frac{400 \times 10^6}{101\,946.9 \times 10^4} \times \frac{460}{2}$$

$$\approx 74.35 - 90.24 = -15.89(\mathrm{N/mm^2})$$

$$\alpha_0 = \frac{164.59 + 15.89}{164.59} = 1.1 < 1.6$$

腹板：

$$\frac{h_0}{t_w} \approx \frac{460}{12} = 38.3$$

$$< (16\alpha_0 + 0.5\lambda_x + 25)\sqrt{\frac{235}{f_y}} = (16 \times 1.10 + 0.5 \times 64 + 25) \times 1 = 74.6$$

翼缘：

$$\frac{b}{t} = \frac{200 - 6}{20} = 9.7 < 13\sqrt{\frac{235}{f_y}} = 13$$

满足要求。

比较习题 6-4 和习题 6-5 结果可知，支撑设置改变后，柱弯矩作用平面外计算长度减半，平面外整体稳定的应力有所降低，可以考虑减小截面尺寸来降低用钢量。又因为在验算弯矩作用平面内与作用平面外整体稳定时应力值大小相近，且已接近设计值，故改变截面应使绕弱轴的截面抵抗矩降低，而保证强轴方向的承载力不会降低。故在平面外加柱间支撑效果不明显。

6-6　如图 6-21 所示的天窗架侧柱 AB，承受轴心压力的设计值为 85.8 kN，风荷载设计值为 $w = \pm 2.87$ kN/m(正号为压力，负号为吸力)，计算长度 $l_{0x} = l = 3.5$ m，$l_{0y} = 3.0$ m。钢材为 Q235。要求选出双角钢截面。

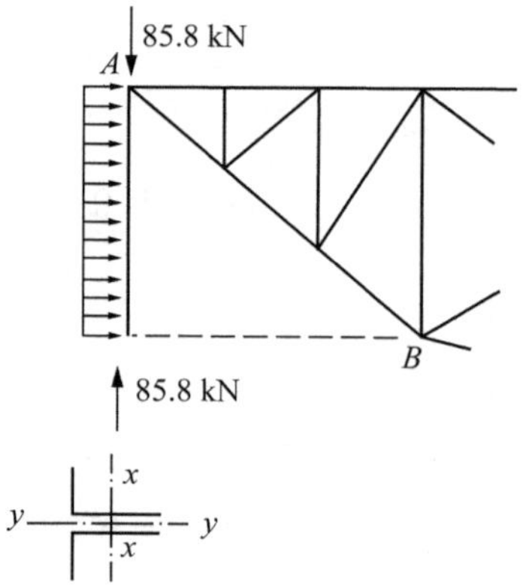

图 6-21　习题 6-6 附图

解：选用 2 ∟110×7，两肢间距 8 mm。

查表得如下数据：

$A=30.40\ \text{cm}^2$，$i_x=3.41\ \text{cm}$，$i_y=4.79\ \text{cm}$，$I_x=354.4\ \text{cm}^4$，$W_{x\max}=119.56\ \text{cm}^3$，$W_{x\min}=44.1\ \text{cm}^3$。

(1)验算强度

$$M=\frac{1}{8}wl^2=\frac{1}{8}\times 2.87\times 10^3\times 3.5^2\approx 4.4\times 10^3(\text{N}\cdot\text{m})$$

$$\frac{N}{A_\text{n}}+\frac{M_x}{\gamma_x W_{\text{n}x}}=\frac{85.8\times 10^3}{30.40\times 10^2}+\frac{4.4\times 10^6}{1.05\times 44.1\times 10^3}\approx 123.2(\text{N/mm}^2)<f=215(\text{N/mm}^2)$$

(2)验算弯矩作用平面内的稳定

$$\lambda_x=\frac{3\ 500}{3.41\times 10}\approx 102.6<[\lambda]=150$$

查教材附表 3-2，并用插值法求得 $\varphi_x=0.539$。

$$N'_{\text{E}x}=\frac{\pi^2 EA}{1.1\lambda_x^2}=\frac{3.14^2\times 206\ 000\times 3\ 040}{1.1\times 102.6^2}\approx 533.2(\text{kN})$$

$$\beta_{\text{m}x}=1.1$$

风吸力作用时，腹板受压，取 $W_{x\min}=44.1\ \text{cm}^3$。

$$\frac{N}{\varphi_x A}+\frac{\beta_{\text{m}x}M_x}{\gamma_x W_{1x}\left(1-0.8\frac{N}{N'_{\text{E}x}}\right)}$$

$$=\frac{85.8\times 10^3}{0.539\times 30.40\times 10^2}+\frac{4.4\times 10^6}{1.05\times 44.1\times 10^3\times\left(1-0.8\times\frac{85.8}{533.2}\right)}$$

$$\approx 161.4(\text{N/mm}^2)<f=215(\text{N/mm}^2)$$

风压力作用时，翼缘受压，取 $W_{x\max}=119.56(\text{cm}^3)$，易判断计算所得结果小于 $161.4\ \text{N/mm}^2$。

弯矩作用平面内稳定满足要求。

(3)验算弯矩作用平面外的稳定

$$\lambda_y=\frac{3\ 000}{4.79\times 10}\approx 62.6<[\lambda]=150$$

查教材附表 3-2，并用插值法求得 $\varphi_y=0.794$。

$$\beta_{tx}=1.0,\ \eta=1.0$$

风压力作用时，翼缘受压

$$\varphi_b=1-0.0017\lambda_y=1-0.0017\times62.6\approx0.8936$$

此时取 $W_{x\max}=119.56\ \text{cm}^3$，则

$$\begin{aligned}&\frac{N}{\varphi_y A}+\eta\frac{\beta_{tx}M_x}{\varphi_b W_{1x}}\\&=\frac{85.8\times10^3}{0.794\times30.40\times10^2}+\frac{1.0\times1.0\times4.4\times10^6}{0.8936\times119.56\times10^3}\\&\approx76.7(\text{N/mm}^2)<f=215(\text{N/mm}^2)\end{aligned}$$

风吸力作用时，翼缘受拉：

$$\varphi_b=1-0.0005\lambda_y=1-0.0005\times62.6=0.9687$$

此时取 $W_{x\min}=44.1\ \text{cm}^3$，则

$$\begin{aligned}&\frac{N}{\varphi_y A}+\eta\frac{\beta_{tx}M_x}{\varphi_b W_{1x}}\\&=\frac{85.8\times10^3}{0.794\times30.40\times10^2}+\frac{1.0\times1.0\times4.4\times10^6}{0.9687\times44.1\times10^3}\\&\approx138.5(\text{N/mm}^2)<f=215(\text{N/mm}^2)\end{aligned}$$

弯矩作用平面外稳定满足要求。

(4)局部稳定验算

风吸力作用时，取 $W_{x\min}=44.1\ \text{cm}^3$。

$$\sigma_{\max}=\frac{N}{A}+\frac{M_x}{W_x}=\frac{85.8\times10^3}{30.40\times10^2}+\frac{4.4\times10^6}{44.1\times10^3}\approx128.0(\text{N/mm}^2)$$

$$\sigma_{\min}=\frac{N}{A}-\frac{M_x}{W_x}=\frac{85.8\times10^3}{30.40\times10^2}-\frac{4.4\times10^6}{44.1\times10^3}\approx-71.6(\text{N/mm}^2)$$

$$\sigma_0=\frac{\sigma_{\max}-\sigma_{\min}}{\sigma_{\max}}\approx1.6>1.0$$

风压力作用时，取 $W_{x\max}=119.56\ \text{cm}^3$。

$$\sigma_{\max}=\frac{N}{A}+\frac{M_x}{W_x}=\frac{85.8\times10^3}{30.40\times10^2}+\frac{4.4\times10^6}{119.56\times10^3}\approx65.0(\text{N/mm}^2)$$

$$\sigma_{\min}=\frac{N}{A}-\frac{M_x}{W_x}=\frac{85.8\times10^3}{30.40\times10^2}-\frac{4.4\times10^6}{119.56\times10^3}=-8.6(\text{N/mm}^2)$$

$$\sigma_0=\frac{\sigma_{\max}-\sigma_{\min}}{\sigma_{\max}}\approx1.1>1.0$$

翼缘：

$$\frac{b}{t}=\frac{110-7}{7}=14.7<15$$

腹板：

$$\frac{b_1}{t_1}=\frac{110-7}{7}=14.7<18$$

局部稳定满足要求。

尝试选用较小截面 2 ∟100×6，但弯矩作用平面内的稳定不满足要求(计算结果为

242. 2 kN)。

选用截面 2 ∟100×7，弯矩作用平面内的稳定计算结果为 205.0 kN，已接近限值 215 kN，但单位质量(10.83 kg/m)减小不大(2 ∟110×7 为 11.93 kg/m)，故选用 2 ∟110×7 比较好。

6-7　如图 6-22 所示为一压弯构件。构件长 12 m，两端铰接。在截面的腹板平面内偏心受压，偏心距为 780 mm。钢材为 Q235，翼缘为火焰切割边。试计算此压弯构件所能承受压力的设计值。如果钢材改用 Q345，压力的设计值有何改变？

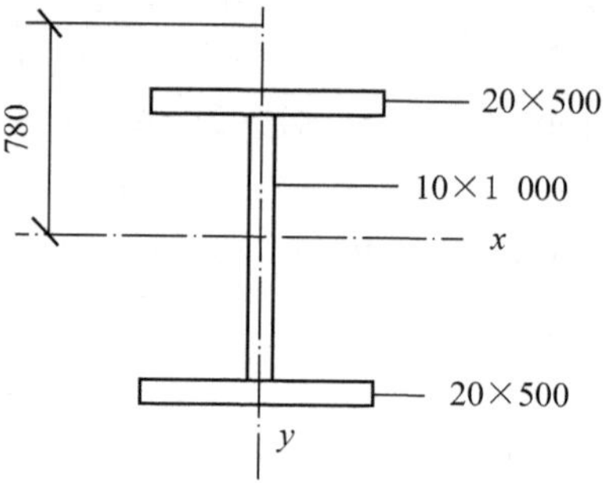

图 6-22　习题 6-7 附图

解：(1)截面的几何特征

$$A=300\ \text{cm}^2, I_x=603\ 600\ \text{cm}^4, W_x=11\ 608\ \text{cm}^3, i_x=44.85\ \text{cm}, W_y=1\ 667\ \text{cm}^3$$

$$i_y=11.78\ \text{cm}, l_{0x}=l_{0y}=12\ \text{m}, M_x=0.78\ \text{N}$$

(2)强度控制

$$\frac{N}{A_{\text{n}}}+\frac{M_x}{\gamma_x W_{\text{n}x}}=\frac{N\times 10^3}{300\times 10^2}+\frac{0.78N\times 10^6}{1.05\times 11\ 608\times 10^3}\leqslant f=205(\text{N/mm}^2)$$

求得 $N\leqslant 2\ 106$ kN。

(3)稳定控制

$$\lambda_x=\frac{l_{0x}}{i_x}=\frac{1\ 200}{44.85}\approx 27$$

查教材附表 3-2 可知，$\varphi_x=0.946$。

$$\lambda_y=\frac{l_{0y}}{i_y}=\frac{1\ 200}{11.78}\approx 102$$

查教材附表 3-2 可知，$\varphi_y=0.542$。

$$N'_{\text{E}x}=\frac{\pi^2 EA}{1.1\lambda_x^2}=\frac{3.14^2\times 206\times 10^3\times 300\times 10^2}{1.1\times 27^2}\approx 75\ 985(\text{kN})$$

平面内稳定控制：

$$\frac{N}{\varphi_x A f}+\frac{\beta_{\text{m}x}M_x}{\gamma_x W_{1x}\left(1-0.8\dfrac{N}{N'_{\text{E}x}}\right)f}$$

$$=\frac{N\times 10^3}{0.946\times 300\times 10^2\times 205}+\frac{1.0\times 0.78N\times 10^6}{1.05\times 11\ 608\times 10^3\times\left(1-0.8\times\dfrac{N}{75\ 985}\right)\times 205}\leqslant 1.0$$

求得 $N\leqslant 2\ 065$ kN。

平面外稳定控制：

$$\varphi_b = 1.07 - \frac{\lambda_y^2}{44\ 000} \times \frac{f_y}{235} = 1.07 - \frac{102^2}{44\ 000} \approx 0.834$$

$$\frac{N}{\varphi_x A f} + \frac{\eta \beta_{tx} M_x}{\varphi_b W_{1x} f} = \frac{N \times 10^3}{0.946 \times 300 \times 10^2 \times 205} + \frac{1.0 \times 0.78N \times 10^6}{0.834 \times 11\ 608 \times 10^3 \times 205} \leqslant 1.0$$

求得 $N \leqslant 1\ 768$ kN。

综上所述，此压杆所能承受压力的设计值为 1 768 kN。

如果钢材改用 Q345，所能承受压力的设计值会提高。

6-8　验算习题 6-7 压弯构件的翼缘和腹板的宽厚比是否满足局部稳定要求。

解：(1)受压翼缘板

$$\frac{b_1}{t} = \frac{500-10}{2 \times 20} = 12.25 < 15\varepsilon_k = 15$$

满足要求。

(2)腹板

该压弯构件满足稳定性要求。腹板计算高度边缘的最大应力和最小应力分别为

$$\sigma_{max} = \frac{N}{A} + \frac{M_x}{I_x} \cdot \frac{h_0}{2} = \frac{1\ 768 \times 10^3}{300 \times 10^2} + \frac{0.78 \times 1\ 768 \times 10^6}{603\ 600 \times 10^4} \times \frac{1\ 000}{2} \approx 173.2$$

$$\sigma_{min} = \frac{N}{A} - \frac{M_x}{I_x} \cdot \frac{h_0}{2} = \frac{1\ 768 \times 10^3}{300 \times 10^2} - \frac{0.78 \times 1\ 768 \times 10^6}{603\ 600 \times 10^4} \times \frac{1\ 000}{2} \approx -55.3$$

应力梯度 $\alpha_0 = \frac{\sigma_{max} - \sigma_{min}}{\sigma_{max}} = \frac{173.2-(-55.3)}{173.2} \approx 1.32 < 1.6$。

$$\frac{h_0}{t_w} = \frac{1\ 000}{10} = 100 > (45 + 25\alpha_0^{1.66})\varepsilon_k = 84.6$$

腹板稳定性不满足要求，需要设置加劲肋加强。

6-9　一缀条式格构式压弯构件，钢材为 Q235，截面及缀条布置等如图 6-23 所示，承受的荷载设计值 $N=500$ kN 和 $M_x=120$ kN·m。在弯矩作用平面内构件上、下端有相对侧移，其计算长度取为 9.0 m。在垂直于弯矩作用平面内构件两端均有侧向支撑，其计算长度取为构件的高度 6.2 m。试验算此构件截面是否满足要求。

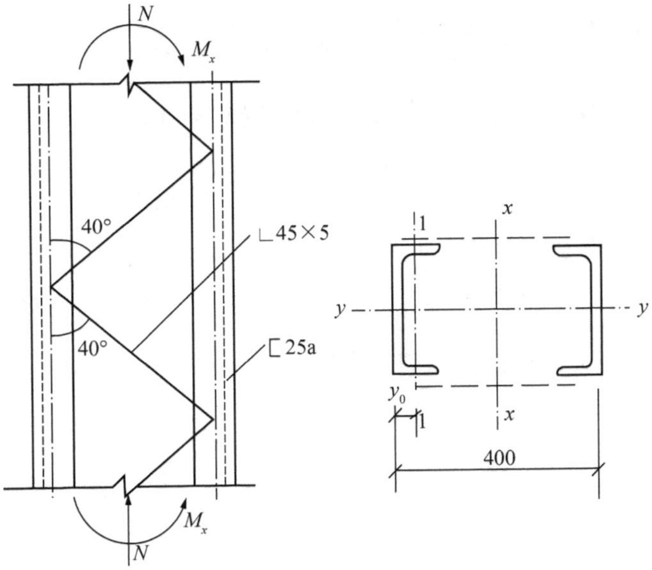

图 6-23　习题 6-9 附图

解：(1)截面的几何特征

分肢：

$A=34.9\ \text{cm}^2$ ，$I_{y0}=176\ \text{cm}^4$ ，$i_{y0}=2.24\ \text{cm}$ ，$I_y=3\ 359\ \text{cm}^4$ ，$i_y=9.81\ \text{cm}$

整个截面：

$$A=34.9\times2=69.8(\text{cm}^2)\ ,\ l_{0x}=9\ \text{m},l_{0y}=6.2\ \text{m}$$

$$y_0=2.07\ \text{cm},y_2=20-2.07=17.93(\text{cm})$$

$$I_x=176\times2+34.9\times17.93^2\times2\approx22\ 792(\text{cm}^4)$$

$$i_x=\sqrt{\frac{22\ 792}{69.8}}\approx18.07\ \text{cm}$$

(2)验算弯矩作用平面内柱的整体稳定

$$\lambda_x=\frac{l_{0x}}{i_x}=\frac{900}{18.07}\approx49.8$$

换算长细比：

$$\lambda_{0x}=\sqrt{\lambda_x^2+27\frac{A}{A_1}}=\sqrt{49.8^2+27\times\frac{69.8}{2\times4.292}}\approx52<[\lambda]=150$$

查教材附表 3-2，得 $\varphi_x=0.847$。

$$N'_{\text{E}x}=\frac{\pi^2EA}{1.1\lambda_x^2}=\frac{3.14^2\times206\ 000\times69.8\times10^2}{1.1\times52^2}\approx4\ 766(\text{kN})$$

有侧移框架柱 $\beta_{\text{m}x}=1.0$。

$$W_{1x}=\frac{I_x}{y_1}=\frac{22\ 792}{20}\approx1\ 140\ (\text{cm}^3)$$

$$\frac{N}{\varphi_xAf}+\frac{\beta_{\text{m}x}M_x}{W_{1x}\left(1-\frac{N}{N'_{\text{E}x}}\right)f}=\frac{500\times10^3}{0.847\times69.8\times10^2\times215}+\frac{1.0\times120\times10^6}{1\ 140\times10^3\times\left(1-\frac{500}{4\ 766}\right)\times215}$$

$$\approx0.393+0.547=0.94<1.0$$

(3)验算分肢的稳定

最大压力：

$$N_1=\frac{0.179\ 3}{0.4}\times500+\frac{120}{0.4}\approx524(\text{kN})$$

$$\lambda_{x1}=\frac{900}{18.07}\approx50<[\lambda]=150$$

$$\lambda_{y1}=\frac{620}{9.81}\approx63<[\lambda]=150$$

查教材附表 3-2，得 $\varphi_{\min}=0.791$。

$$\frac{N_1}{\varphi_{\min}A_1}=\frac{524\times10^3}{0.791\times34.9\times10^2}\approx190(\text{N/mm}^2)<f=215(\text{N/mm}^2)$$

以上验算结果表明，此构件截面满足设计要求。

第 7 章　钢结构的连接

一、思考题

7-1　钢结构的连接类型有哪些？分别有什么特点？

答：钢结构的主要连接方法有焊缝连接、螺栓连接、铆钉连接和销轴连接四种。

钢结构最主要的连接方法就是焊缝连接。焊缝连接的优点是构造简单、不削弱截面，结构刚度大、易于加工、可实现密闭性连接。其缺点是焊缝热影响区内，局部材质变脆；需考虑残余变形和焊接残余应力的不利影响；对裂纹非常敏感，存在低温冷脆的问题。

螺栓连接可以分普通螺栓连接和高强度螺栓连接。普通螺栓连接的优点是施工简单、拆装方便。缺点是用钢量多。适用于安装连接和需要经常拆装的结构。高强度螺栓按其抗剪连接承载力的极限状态不同分为摩擦型连接和承压型连接。摩擦型连接的优点是韧性和塑性好，剪切变形小，弹性性能优良，抗疲劳性能突出，且能承受动力荷载。承压型连接的抗剪承载力高于摩擦型连接，其连接紧凑，允许接触面滑移，但剪切变形相对较大，不应在承受动力荷载的结构中使用。

铆钉连接的优点是塑性和韧性较好，传力可靠，质量易于检查，适用于直接承受动载结构的连接。缺点是构造复杂，用钢量多，目前已很少采用。

销轴连接由销轴和连接耳板组成，是工程中常用来模拟单向铰传力的一种连接方式。其构造简单、传力明确、工作可靠、拆装方便，可以用于铰接支座或拉索、拉杆的端部铰接连接。

7-2　受剪普通螺栓有哪几种可能的破坏形式？如何防止？

答：①螺栓杆受剪破坏；②孔壁挤压破坏(螺栓承压破坏)；③板件被拉断；④板件冲剪破坏。第①②种破坏形式通过螺栓的性能计算来保证。第③种破坏形式通过板件强度验算来保证。第④种破坏形式可以通过螺栓孔端距 $a_1 \geqslant 2d$ 来保证。

7-3　试述普通螺栓连接与高强度螺栓摩擦型连接在弯矩作用下计算时的异同点。

答：在弯矩作用下，普通螺栓连接计算时假定中和轴位于弯矩所指的最下排螺栓处，高强度螺栓摩擦型连接计算时中和轴位于螺栓形心轴处。

7-4　螺栓的排列有哪些形式和规定？为何要规定螺栓排列的最大和最小间距？

答：螺栓的排列方式可以分为并列和错列两种形式。

螺栓的排列应满足：①受力要求。当螺栓孔端距过小时，钢材可能会发生剪断或撕裂破坏。当螺栓孔距和线距太小时，如考虑开螺栓孔对连接板的削弱情况，连接钢板可能会发生沿着穿过螺栓孔的折线或直线破坏。当沿作用力方向螺栓孔距过大时，对于受压连接，被连接件可能发生鼓曲和张口现象。②构造要求。螺栓孔的中距及边距不宜过大，否则连接钢板间的挤压不够紧密，存在间隙，形成潮气侵入的通道从而造成钢材的锈蚀。③施工要求。螺栓距不应太小，需保证在螺栓安装时留有足够的操作螺栓扳手的空间。

7-5　影响高强度螺栓承载力的因素有哪些？

答：螺栓预拉力、连接表面的抗滑移系数、钢材种类。

7-6　角焊缝的尺寸有哪些要求？为什么？

答：①焊缝在施焊后，由于冷却引起了收缩应力，施焊的焊脚尺寸愈大，则收缩应力愈大，为避免焊缝区的基本金属“过烧”，减小焊件的焊接残余应力和焊接变形，焊脚尺寸不宜过大。②焊脚尺寸不宜太小，用以确保焊缝的最小承载能力，并能防止焊缝因冷却过快而产生裂纹缺陷。③角焊缝的计算长度不宜太小，当角焊缝的长度较小而焊脚尺寸较大时，焊件的局部热影响较严重，焊缝起灭弧所引起的缺陷相距太近，以及焊缝中可能产生的其他缺陷，致使焊缝质量不够可靠。此外，如果焊缝长度过小，焊件的应力集中会很大。

7-7　焊缝质量级别如何划分和应用？

答：焊缝按其检验方法和质量要求划分为一级、二级和三级。

①构件如需要进行疲劳验算时，凡是等强连接的对接焊缝均应焊透。与作用力方向垂直的横向对接焊缝或T形对接与角接组合焊缝，焊缝的质量等级受拉时应为一级，受压时不应低于二级；与作用力方向平行的纵向对接焊缝的质量等级不应低于二级。②结构处于温度低于或等于−20 ℃的地区，其构件对接焊缝的质量不得低于二级。③构件如不需要进行疲劳验算时，凡要求与母材等强的对接焊缝宜焊透，其质量等级受拉时不应低于二级，受压时不宜低于二级。④不要求焊透的对接焊缝、采用角焊缝或部分焊透的对接与角接组合焊缝的T形连接部位，以及搭接连接角焊缝，对于需要疲劳验算的结构和吊车起重量大于或等于50 t的中级工作制吊车梁以及梁柱、牛腿等重要节点，焊缝的质量等级不应低于二级，其他结构焊缝的质量等级可为三级。

7-8　如何计算对接焊缝？在什么情况下可以不必计算对接焊缝？

答：检验等级达到不低于二级的对接焊缝，其计算方法与构件的强度计算一致。使用引弧(出)板施焊时，仅需要对检验等级为三级的对接焊缝进行计算，对于一级和二级对接焊缝可以不必计算。

7-9　焊接残余应力和残余变形会对结构性能产生什么样的影响？

答：①对结构静力强度的影响。钢材在常温下工作通常具有一定的塑性，钢材屈服会引起截面应力重分布现象，因此，焊接应力对结构的静力强度不会产生影响。

②对结构刚度的影响。焊接残余应力会使结构的刚度降低。对于有残余应力的轴心受拉构件，当加载时，受到焊接残余应力的影响，截面局部先达到塑性，截面的塑性区逐渐向弹性区扩展，而弹性区会逐渐减小，使构件变形增大，从而导致结构的刚度降低。

③对低温工作的影响。在厚板焊接处或具有交叉焊缝的部位，会产生三向焊接拉应力，使得该应力区域钢材塑性变形的发展受到阻碍，在低温下可能会引发钢材的脆断，使裂纹容易发生和发展。

④对疲劳强度的影响。在焊缝及其附近的主体金属中残余拉应力通常可达到钢材的屈

服强度，此部位为疲劳裂纹最为敏感的区域。因此，焊接残余应力会对结构的疲劳强度产生很不利的影响。

当焊接构件出现了超出标准的焊接残余变形时，需要增加矫正工序。当焊接变形太大时，如果矫正困难，会产生废品。焊接变形不仅会影响结构的尺寸和外观，而且还有可能降低结构的承载能力。

7-10　查找相关文献，试比较部分焊透对接焊缝计算方法与对接焊缝计算方法的异同点。

答：对接焊缝与构件的强度计算方法相同，而部分焊透对接焊缝计算方法与直角角焊缝相同。

二、习题

7-1　对接焊缝连接如图 7-60 所示，钢材牌号为 Q235B，焊接采用焊条电弧焊，焊条型号为 E43 型，焊缝的质量为三级，施焊时加引弧板和引出板。已知 $f_t^w = 185\ \mathrm{N/mm^2}$，$f_c^w = 215\ \mathrm{N/mm^2}$，试求此连接所能承受的最大偏心荷载 F。

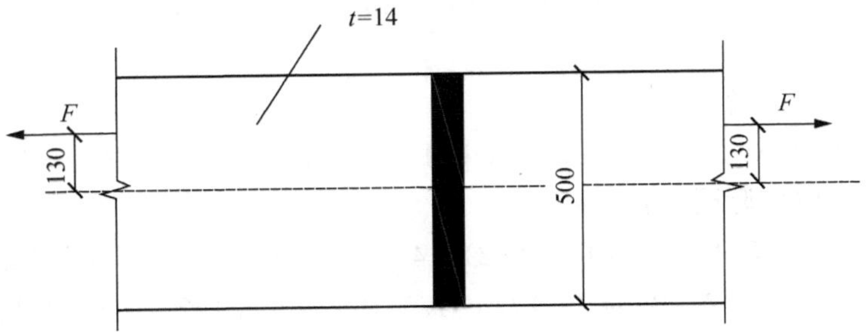

图 7-60　习题 7-1 附图

解：因有引弧板和引出板，故焊缝计算长度 $l_w = 500$ mm，则焊缝正应力应满足：

$$\sigma_{拉\max} = \frac{F}{l_w t} + \frac{Fe}{W} \leqslant f_t^w = 185\ \mathrm{N/mm^2}$$

$$\sigma_{压\max} = \frac{Fe}{W} - \frac{F}{l_w t} \leqslant f_c^w = 215\ \mathrm{N/mm^2}$$

其中，$W = th^2/6 = 14 \times 500^2/6 \approx 583\ 333(\mathrm{mm^3})$，故有

$$F \leqslant \frac{f_t^w}{\dfrac{1}{l_w t} + \dfrac{e}{W}} \approx \frac{185}{\dfrac{1}{500 \times 14} + \dfrac{130}{583\ 333}} \approx 505\ 859(\mathrm{N}) \approx 505.86(\mathrm{kN})$$

$$F \leqslant \frac{f_c^w}{\dfrac{e}{W} - \dfrac{1}{l_w t}} = \frac{215}{\dfrac{130}{583\ 333} - \dfrac{1}{500 \times 14}} \approx 2\ 687\ 496(\mathrm{N}) \approx 2\ 687.50(\mathrm{kN})$$

故此连接能承受的最大荷载为 $F = 505.86$ kN。

7-2　图 7-61 所示为一桁架双角钢腹杆与节点板的角焊缝连接，腹杆角钢为 2 ∟140×10，腹杆形心至角钢肢背距离 $e_1=38.2$ mm，钢材牌号为 Q235-BF，焊接采用焊条电弧焊，焊条型号为 E43 型，$f_f^w=160$ N/mm^2，腹杆的轴心拉力为 $N=1\ 100$ kN(设计值)，若采用三面围焊，试设计此连接。

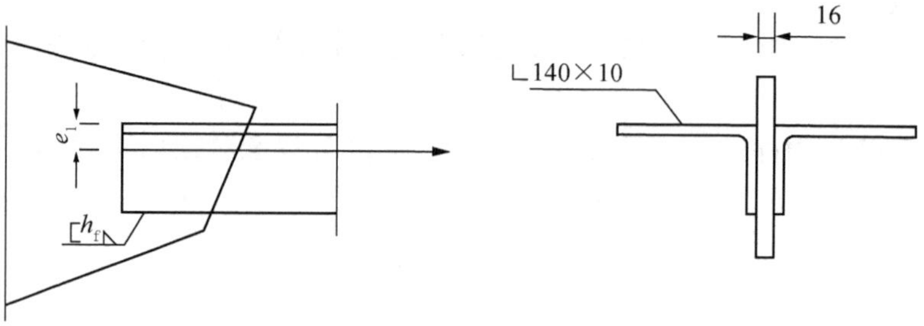

图 7-61　习题 7-2 附图

解：焊脚尺寸确定：

最小 h_f：$h_f \geqslant 6$ mm。

最大 h_f：$h_f \leqslant t_{min}-(1\sim 2)=10-(1\sim 2)=8\sim 9$(mm)。

取 $h_f=8$ mm。

正面角焊缝承担的力为

$$N_3=2\times 0.7h_f b\beta_f f_f^w=2\times 0.7\times 8\times 140\times 1.22\times 160\times 10^{-3}\approx 306.1(\text{kN})$$

所以侧面角焊缝实际受力：

$$N_1=k_1N-N_3/2=(140-38.2)/140\times 1\ 100-306.1/2\approx 646.8(\text{kN})$$

$$N_2=k_2N-N_3/2=38.2/140\times 1\ 100-306.1/2\approx 147.1(\text{kN})$$

所以所需侧面角焊缝的实际长度为

$$l_1=l_{w1}+h_f=\frac{N_1}{2\times 0.7h_f f_f^w}+h_f=\frac{646.8\times 10^3}{2\times 0.7\times 8\times 160}+8\approx 368.9(\text{mm})\text{，取 370 mm。}$$

$$l_2=l_{w2}+h_f=\frac{N_2}{2\times 0.7h_f f_f^w}+h_f=\frac{147.1\times 10^3}{2\times 0.7\times 8\times 160}+8\approx 90.1(\text{mm})\text{，取 95 mm。}$$

7-3　试求图 7-62 所示连接的最大设计荷载。钢材牌号为 Q235B，焊接采用焊条电弧焊，焊条型号为 E43 型，采用角焊缝连接，焊脚尺寸 $h_f=8$ mm，$e_1=30$ cm。

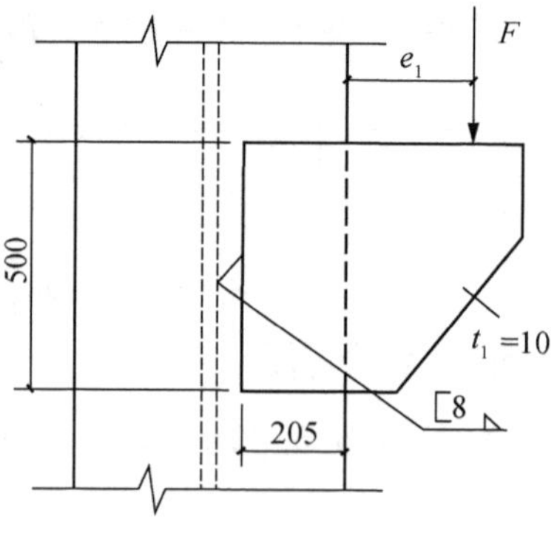

图 7-62　习题 7-3 附图

解： 查教材附表 2-5，得 $f_f^w = 160\ N/mm^2$。

(1)焊缝有效截面的几何特性

形心位置：

$$x_0 = \frac{2 \times 205 \times 205/2}{2 \times 205 + 500} \approx 46(mm)$$

极惯性矩：

$$I_x = \frac{1}{12} \times 0.7 \times 8 \times 500^3 + 2 \times 0.7 \times 8 \times 205 \times 250^2 \approx 201.8 \times 10^6 (mm^4)$$

$$I_y = \frac{1}{12} \times 2 \times 0.7 \times 8 \times 205^3 + 2 \times 0.7 \times 8 \times 205 \times (102.5 - 46)^2 + 0.7 \times 8 \times 500 \times 46^2$$

$$\approx 21.3 \times 10^6 (mm^4)$$

$$I_p = I_x + I_y = 223.1 \times 10^6\ mm^4$$

(2)扭矩和剪力设计值

$$V = F,\ T = F \cdot (e_1 + 0.205 - x_0) = 0.46F$$

(3)角焊缝的强度条件及最大设计荷载

右上角点的应力最大：

$$\tau_A^T = \frac{Tr_y}{I_p} = \frac{0.46F \times 10^6 \times 250}{223.1 \times 10^6} \approx 0.515F$$

$$\sigma_A^T = \frac{Tr_x}{I_p} = \frac{0.46F \times 10^6 \times (205 - 46)}{223.1 \times 10^6} \approx 0.328F$$

$$\sigma_A^V = \frac{V}{\sum (h_e l_w)} = \frac{F \times 10^3}{0.7 \times 8 \times (2 \times 205 + 500)} \approx 0.196F$$

由角焊缝强度条件：

$$\sqrt{\left(\frac{\sigma_A^T + \sigma_A^V}{\beta_f}\right)^2 + \tau_A^{T\ 2}} = \sqrt{\left(\frac{0.328F + 0.196F}{1.22}\right)^2 + (0.515F)^2} \leqslant f_f^w = 160(N/mm^2)$$

故 $F \leqslant 238.5$ kN。

7-4　试设计如图 7-63 所示牛腿与柱连接，连接采用编号为①②③的角焊缝连接。钢材牌号为 Q235B，焊接采用焊条电弧焊，焊条型号为 E43 型。

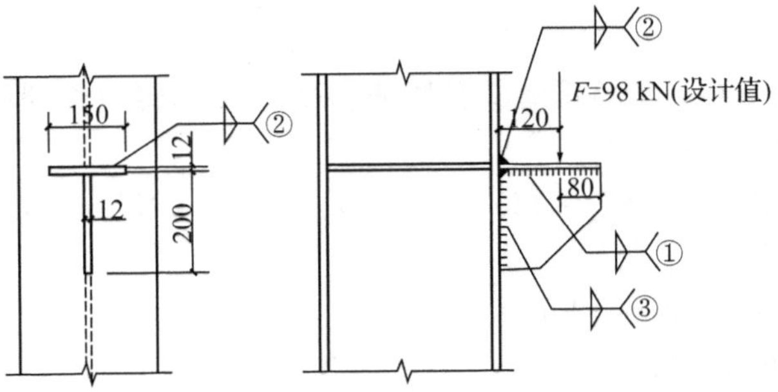

图 7-63　习题 7-4 附图

解： 牛腿与柱连接焊缝为②③。

查教材附表 2-5，得 $f_f^w = 160\ \text{N/mm}^2$，不考虑焊缝缺陷，焊缝计算长度取实际长度。

$h_{f1max} \leqslant t_{min} - (1 \sim 2) = 12 - (1 \sim 2) = 10 \sim 11(\text{mm})$，$h_{f1min} \geqslant 5\ \text{mm}$，设 $h_{f1} = 8\ \text{mm}$。

焊缝②③联合组成 T 形截面，承受剪力 $V = F = 98\ \text{kN}$ 和弯矩 $M = Ne = 98 \times 0.12 = 11.76(\text{kN} \cdot \text{m})$。

形心位置(如下图所示)：

$$y_0 = \frac{150 \times 212 + 200 \times 2 \times 100 + 138 \times 200}{150 + 138 + 200 \times 2} \approx 144.5(\text{mm})$$

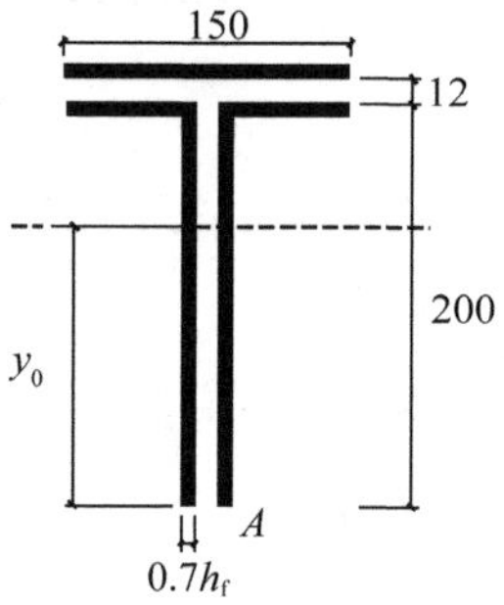

设剪力由竖向焊缝承受，弯矩由焊缝组成的 T 形截面承受。

T 形截面惯性矩：

$$I_w = 150 \times 8 \times 0.7 \times (212 - 144.5)^2 + 138 \times 8 \times 0.7 \times (200 - 144.5)^2 + 2 \times \frac{1}{12} \times 8 \times 0.7 \times 200^3 + 2 \times 8 \times 0.7 \times 200 \times (144.5 - 100)^2 = 18.1 \times 10^6(\text{mm}^4)$$

由危险点 A 的强度条件得

最大正应力：

$$\sigma_f = \frac{My_0}{I_w} = \frac{11.76 \times 10^6 \times 144.5}{18.1 \times 10^6} \approx 93.9(\text{N/mm}^2)$$

平均剪应力：

$$\tau_f = \frac{V}{\sum(h_e l_w)} = \frac{98\ 000}{2 \times 0.7 \times 8 \times 200} \approx 43.8(\text{N/mm}^2)$$

$$\sqrt{\left(\frac{\sigma_f}{\beta_f}\right)^2 + \tau_f^2} = \sqrt{\left(\frac{93.9}{1.22}\right)^2 + 43.8^2} \approx 88.6(\text{N/mm}) \leqslant f_f^w = 160(\text{N/mm})$$

满足要求。

7-5　习题 7-4 连接中，如将焊缝②及焊缝③改为对接焊缝(焊缝质量等级为三级)，试求该连接所能承受的最大荷载 F。

解： 查教材附表 2-5，得 $f_t^w = 185\ \text{N/mm}^2$，$f_v^w = 125\ \text{N/mm}^2$，不考虑焊缝缺陷，焊缝计算长度取实际长度。

令 $V = F$，则 $M = Fe = 120F$。

形心位置(如下图所示)：

$$y_0=\frac{200\times12\times100+150\times206\times12}{(200+150)\times12}\approx145.4(\text{mm})$$

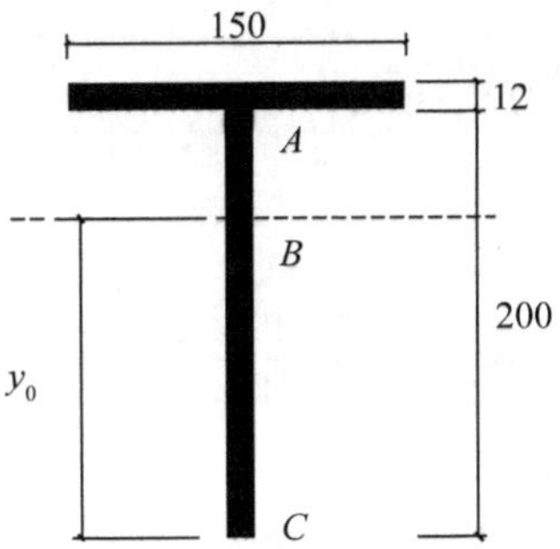

惯性矩：

$$I_x=150\times12\times(200+6-145.4)^2+\frac{1}{12}\times12\times200^3+200\times12\times(145.4-200/2)^2$$

$$\approx1\ 955.7\times10^4(\text{mm}^4)$$

由 B 点强度条件得

$$S_C=145.4\times12\times145.4/2\approx126\ 847.0(\text{mm}^3)$$

$$\tau_f=\frac{V\times126\ 847.0}{I_xt}=\frac{F\times126\ 847.0}{1\ 955.7\times10^4\times12}\leqslant f_v^w=125(\text{N/mm}^2)$$

计算得 $F\leqslant231.3$ kN。

由 C 点强度条件得

$$\sigma_f=\frac{M\times145.4}{I_x}=\frac{120\times F\times145.4}{1\ 955.7\times10^4}\leqslant f_t^w=185(\text{N/mm}^2)$$

计算得 $F\leqslant207.4$ kN。

由 A 点强度条件得

$$S_A=150\times12\times(200+6-145.4)=109\ 080(\text{mm}^3)$$

$$\sigma_f=\sqrt{\sigma_A^2+3\tau_A^2}$$

$$=\sqrt{\left[\frac{120F\times(200-145.4)}{1\ 955.7\times10^4}\right]^2+3\times\left(\frac{F\times109\ 080}{1\ 955.7\times10^4\times12}\right)^2}\leqslant1.1f_t^w=203.5(\text{N/mm}^2)$$

计算得 $F\leqslant233.4$ kN。

故 $F_{max}=207.4$ kN。

7-6　两被连接钢板的横截面尺寸为 18 mm×510 mm，钢材牌号为 Q235A，承受轴心拉力 N=1 500 kN(设计值)，对接处采用双盖板普通螺栓连接，螺栓型号为 M22，普通螺栓的质量等级为 C 级，试对此连接进行设计。

解：查教材附表 2-1 及附表 2-6，得 $f_v^b=140\ \text{N/mm}^2$，$f_c^b=305\ \text{N/mm}^2$，$f=205\ \text{N/mm}^2$。

螺栓杆受剪承载力设计值：

$$N_v^b = n_v \frac{\pi d^2}{4} f_v^b = 2 \times \frac{3.14 \times 22^2}{4} \times 140 \approx 106.4(\text{kN})$$

孔壁承压承载力设计值：

$$N_c^b = d \sum t f_c^b = 22 \times 18 \times 305 \approx 120.8(\text{kN})$$

取 $N_{min}^b = 106.4$ kN。

连接一侧所需螺栓数：

$$n = \frac{N}{N_{min}^b} = \frac{1\,500}{106.4} \approx 14.1$$

取 15 个螺栓按 5×3 并列排列。

验算钢板净截面强度：取孔径为 23.5 mm(盖板厚度不小于 9 mm)。

$$\frac{N}{A_n} = \frac{1\,500 \times 10^3}{510 \times 18 - 5 \times 23.5 \times 18} \approx 212.3(\text{N/mm}^2) > f = 205(\text{N/mm}^2)$$

不满足要求。

取 16 个螺栓按 4×4 并列排列重新布置螺栓，如下图所示，则

$$\frac{N}{A_n} = \frac{1\,500 \times 10^3}{510 \times 18 - 4 \times 23.5 \times 18} \approx 200.3(\text{N/mm}^2) < f = 205(\text{N/mm}^2)$$

满足要求。

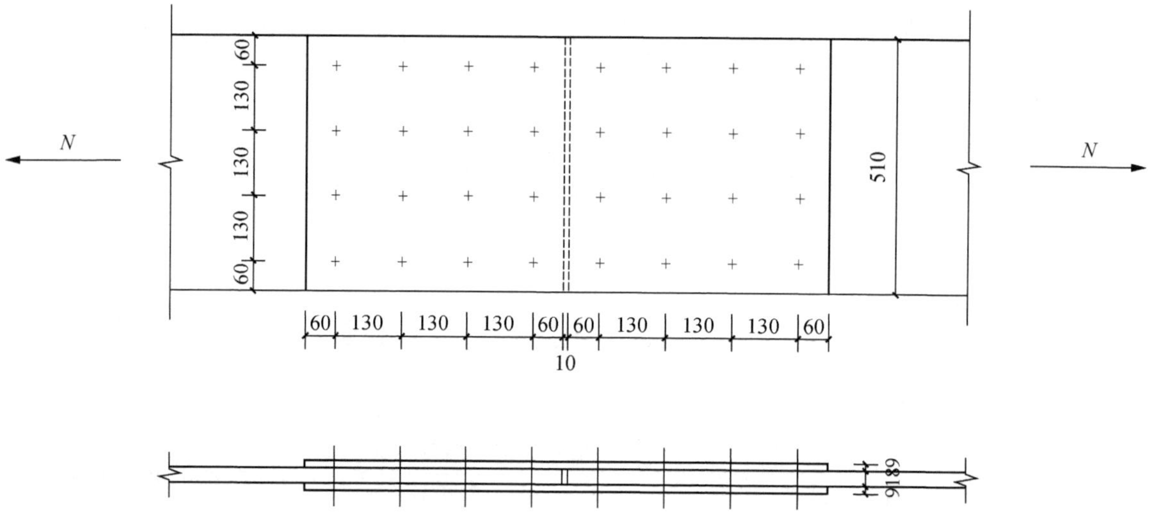

7-7 如将焊缝连接改为粗制螺栓连接，试重新设计图 7-62 所示连接(柱翼板厚度为 12 mm)，F=100 kN(设计值)，e_1=300 mm。

解：查教材附表 2-6，得 $f_v^b = 140$ N/mm²，$f_c^b = 305$ N/mm²。

初步设计：如下图所示，螺栓间距为 80 mm，两排，每排 6 颗，两排间距为 80 mm，采用 M22 螺栓。

(1)内力分析

$V = 100$ kN，$e = e_1 + 205/2 = 402.5$(mm)，则 $T = Ve = 100 \times 0.402\,5 = 40.25$(kN·m)。

(2)参数计算

螺栓杆受剪承载力设计值：

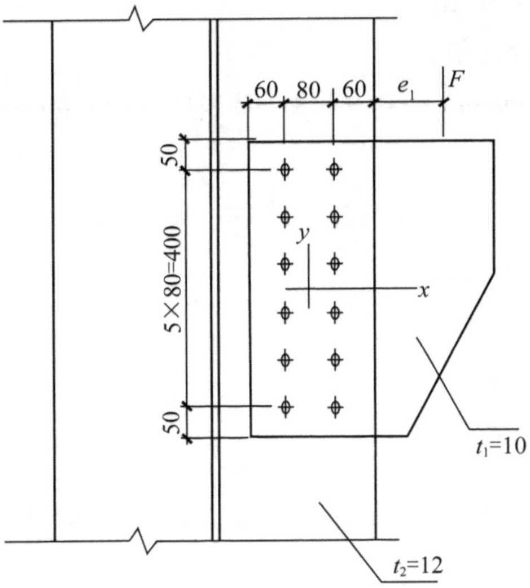

$$N_v^b = n_v \frac{\pi d^2}{4} f_v^b = 1 \times \frac{3.14 \times 22^2}{4} \times 140 \approx 53.2(\text{kN})$$

孔壁承压承载力设计值：

$$N_c^b = d \sum t f_c^b = 22 \times 10 \times 305 = 67.1(\text{kN})$$

取 $N_{\min}^b = 53.2\ \text{kN}$。

$$\sum x_i^2 + \sum y_i^2 = 243\ 200\ \text{mm}^2$$

(3)内力计算

T 引起的应力：

$$N_{1Tx} = \frac{T y_1}{\sum x_i^2 + \sum y_i^2} = \frac{40.25 \times 10^6 \times 200}{243\ 200} \approx 33.1(\text{kN})$$

$$N_{1Ty} = \frac{T x_1}{\sum x_i^2 + \sum y_i^2} = \frac{40.25 \times 10^6 \times 40}{243\ 200} \approx 6.6(\text{kN})$$

V 引起的应力：$N_{1Vy} = \dfrac{V}{n} = \dfrac{100}{12} \approx 8.3(\text{kN})$。

$$N_1 = \sqrt{N_{1Tx}^2 + (N_{1Ty} + N_{1Vy})^2} = \sqrt{33.1^2 + (6.6 + 8.3)^2} \approx 36.3(\text{kN}) < N_{\min}^b = 53.2(\text{kN})$$

满足要求。

7-8　分别按照高强度螺栓摩擦型连接和承压型连接设计习题 7-6 中的双盖板拼接连接，高强度螺栓型号为 M22，等级为 8.8 级，接触面采用喷砂处理。试进行设计：(1)确定连接盖板的尺寸。(2)设计螺栓数量并进行高强度螺栓的排列布置。(3)对连接钢板的强度进行设计。

解：查教材附表 2-1、附表 2-6 得 $f_v^b = 250\ \text{N/mm}^2$，$f_c^b = 470\ \text{N/mm}^2$，$f = 205\ \text{N/mm}^2$。

(1)摩擦型连接

查相关表格可知每个 8.8 级得 M22 高强度螺栓的预拉力 $P = 150\ \text{kN}$，对于 Q235 钢材接触面做喷砂处理时 $\mu = 0.40$。

单个螺栓抗剪承载力设计值：

$$N_v^b = 0.9kn_f\mu P = 0.9 \times 1 \times 2 \times 0.40 \times 150 = 108(\text{kN})$$

所需螺栓数：

$$n = \frac{N}{N_v^b} = \frac{1\ 500}{108} \approx 13.9$$

取 15 个，螺栓排列如图(a)所示。

(2)承压型连接

单个螺栓的承载力设计值：

$$N_v^b = n_v \frac{\pi d^2}{4} f_v^b = 2 \times \frac{3.14 \times 22^2}{4} \times 250 \approx 190(\text{kN})$$

$$N_c^b = d \sum t f_c^b = 22 \times 18 \times 470 \approx 186.1(\text{kN})$$

取 $N_{\min}^b = 186.1$ kN。

所需螺栓数：

$$n = \frac{N}{N_{\min}^b} = \frac{1\ 500}{186.1} \approx 8.1$$

取 12 个，螺栓排列如图(b)所示。

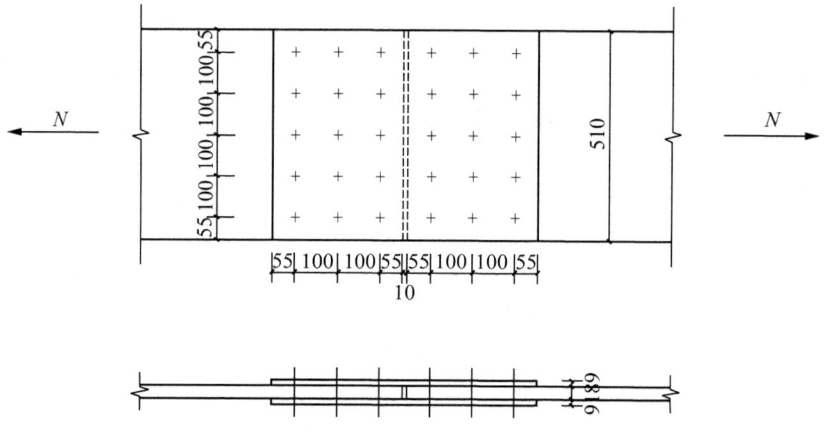

(a)

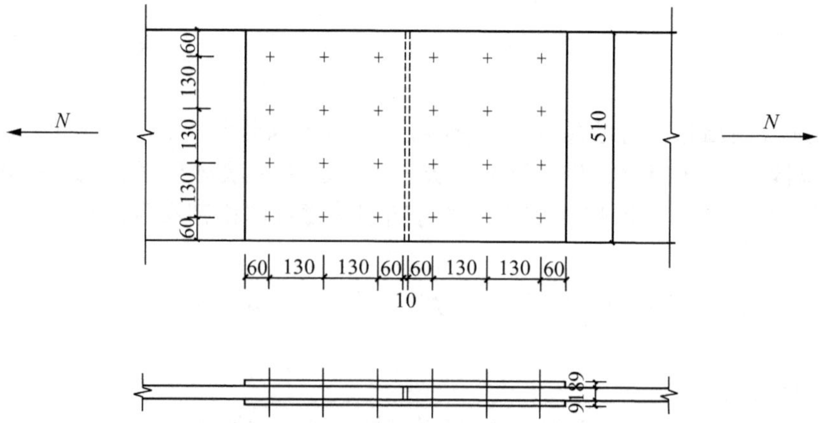

(b)

(3)验算被连接钢板的强度

取孔径为 23.5 mm(盖板厚度不小于 9 mm)。

①承压型连接：

$$\frac{N}{A_n} = \frac{1\ 500 \times 10^3}{510 \times 18 - 4 \times 23.5 \times 18} \approx 200.3(\text{N/mm}^2) < f = 205(\text{N/mm}^2)$$

满足要求。

②摩擦型连接：

净截面强度验算：

$$N' = N\left(1 - 0.5 \times \frac{5}{15}\right) = 1\ 500 \times \left(1 - 0.5 \times \frac{5}{15}\right) = 1\ 250(\text{kN})$$

$$\frac{N'}{A_n} = \frac{1\ 250 \times 10^3}{510 \times 18 - 5 \times 23.5 \times 18} \approx 176.9(\text{N/mm}^2) < f = 205(\text{N/mm}^2)$$

满足要求。

毛截面强度验算：

$$\sigma = \frac{N}{A} = \frac{1\ 500 \times 10^3}{18 \times 510} \approx 163.4(\text{N/mm}^2) < f = 205(\text{N/mm}^2)$$

满足要求。

7-9 图 7-64 所示的连接节点，斜杆承受轴心拉力为 $F=300$ kN(设计值)，端板与柱翼缘采用 10 个 8.8 级摩擦型高强度螺栓进行连接，抗滑移系数 $\mu=0.3$，试求能采用的最小的高强度螺栓直径。

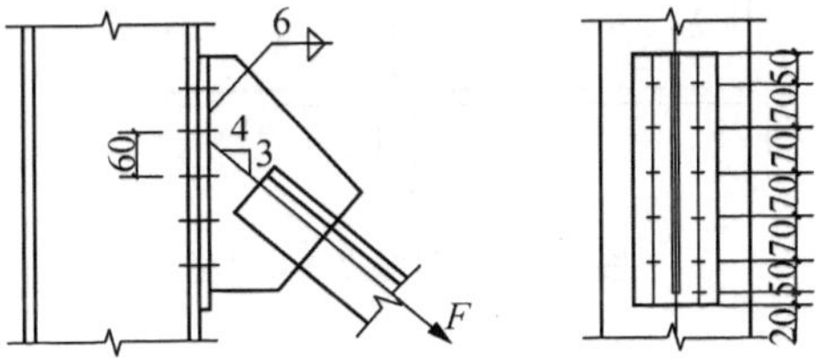

图 7-64 习题 7-9 附图

解：把力化简至中心点，螺栓群承受拉力、弯矩和剪力的共同作用，单个螺栓的最大拉力：

$$N = 240\ \text{kN},\ V = 180\ \text{kN},\ M = 14.4\ \text{kN}\cdot\text{m}$$

$$N_{t1} = \frac{N}{n} + \frac{My_1}{\sum {y_i}^2} = \frac{240}{10} + \frac{14.4 \times 0.14}{4 \times (0.07^2 + 0.14^2)} \approx 44.6(\text{kN})$$

由 $N_{t1} \leqslant 0.8P$，得 $P \geqslant 44.6/0.8 \approx 55.8(\text{kN})$。

连接的受剪承载力设计值应按下式计算：

$$V \leqslant 0.9kn_f\mu(nP - 1.25\sum N_u)$$

按比例关系可求得

$$N_{t2} = 34.3\ \text{kN},\ N_{t3} = 24.0\ \text{kN}$$

$$N_{t4} = 15.7\ \text{kN},\ N_{t5} = 3.4\ \text{kN}$$

故有

$$\sum N_u = (44.6 + 34.3 + 24.0 + 15.7 + 3.4) \times 2 = 244(\text{kN})$$

则受剪承载设计值：

$$0.9kn_f\mu(nP - 1.25\sum N_u) = 0.9 \times 1 \times 1 \times 0.3 \times (10P - 1.25 \times 240) \geqslant V = 180(\text{kN})$$

化简得 $P \geqslant 97.2$ kN。

综上，查相关表格可知最小螺栓直径为 M20，此时 $P = 125$ kN，满足题意。

7-10 图 7-65 所示的高强度螺栓连接，钢材牌号为 Q235，螺栓型号为 M20，等级为 10.9 级，连接接触面采用喷砂处理。试分别采用摩擦型和承压型连接进行连接验算。

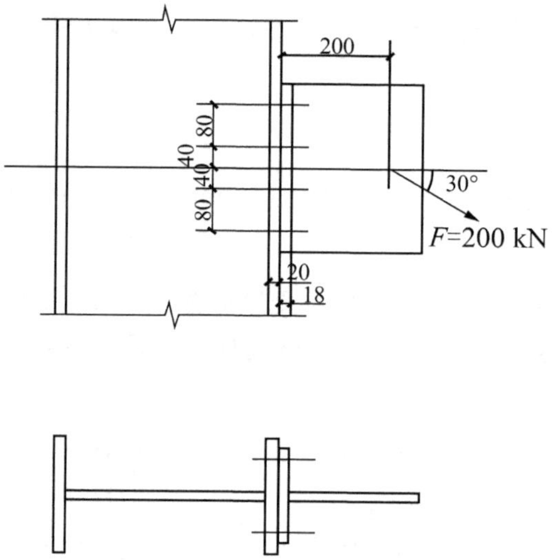

图 7-65 习题 7-10 附图

解：(1)摩擦型连接

查相关表格得 $\mu = 0.40$，$P = 155$ kN。

把力化简至中心点，螺栓群承受拉力、弯矩和剪力的共同作用，单个螺栓的最大拉力：

$$N = 173.2\ \text{kN}, V = 100\ \text{kN}, M = 20\ \text{kN} \cdot \text{m}$$

$$N_{t1} = \frac{N}{n} + \frac{My_1}{\sum y_i^2} = \frac{173.2}{8} + \frac{20 \times 0.12}{4 \times (0.04^2 + 0.12^2)} \approx 59.2(\text{kN}) < N_t^b = 0.8P = 124(\text{kN})$$

连接的受剪承载力设计值应按下式计算：

$$V \leqslant 0.9kn_f\mu(nP - 1.25\sum N_u)$$

按比例关系可求得

$$N_{t2} = 34.2\ \text{kN}, N_{t3} = 9.1\ \text{kN}$$

$$N_{t4} = -37.6\ \text{kN}（不参与计算）$$

故有 $\sum N_u = (59.2 + 34.2 + 9.1) \times 2 = 205(\text{kN})$。

则受剪承载设计值：

$0.9kn_f\mu(nP-1.25\sum N_u)=0.9\times1\times1\times0.40\times(8\times155-1.25\times205)\approx354.2(\text{kN})>V=100(\text{kN})$

综上，连接满足要求。

(2)承压型连接

查相关表格得 $f_v^b=310\ \text{N/mm}^2$，$f_t^b=500\ \text{N/mm}^2$，$f_c^b=470\ \text{N/mm}^2$，$A_e=2.45\ \text{cm}^2$。

单个螺栓的承载力设计值：

$$N_v^b=n_v\frac{\pi d^2}{4}f_v^b=1\times\frac{3.14\times20^2}{4}\times310\approx97.3(\text{kN})$$

$$N_t^b=A_ef_t^b=2.45\times10^2\times500=122.5(\text{kN})$$

$$N_c^b=d\sum tf_c^b=20\times18\times470=169.2(\text{kN})$$

把力化简至中心点，螺栓群承受拉力、弯矩和剪力的共同作用，单个螺栓的最大拉力：

$$N=173.2\ \text{kN},V=100\ \text{kN},M=20\ \text{kN}\cdot\text{m}$$

$$N_{t1}=\frac{N}{n}+\frac{My_1}{\sum y_i^2}=\frac{173.2}{8}+\frac{20\times0.12}{4\times(0.04^2+0.12^2)}\approx59.2(\text{kN})<N_t^b=122.5(\text{kN})$$

单个螺栓所受的剪力：

$$N_v=\frac{V}{n}=\frac{100}{8}=12.5(\text{kN})$$

螺栓杆的抗拉抗剪强度：

$$\sqrt{\left(\frac{N_v}{N_v^b}\right)^2+\left(\frac{N_t}{N_t^b}\right)^2}=\sqrt{\left(\frac{12.5}{97.3}\right)^2+\left(\frac{59.2}{122.5}\right)^2}\approx0.5<1$$

孔壁承压验算：

$$N_v=12.5\ \text{kN}<\frac{N_c^b}{1.2}=\frac{169.2}{1.2}=141(\text{kN})$$

综上，连接满足要求。

第 8 章　塑性及弯矩调幅设计

一、思考题

8-1　什么是塑性设计？塑性设计的特点有哪些？

答：以整体结构的塑性极限承载力作为结构极限状态的一种设计方法。

与常规钢结构设计相比，采用塑性设计具有如下优点：

①与常规钢结构弹性设计方法相比，可以明显节约钢材（10％～15％）和降低工程造价。

②常规的钢结构弹性设计方法在弹性范围内可以给出精确的内力和位移，但却无法给出整体结构的极限承载能力；塑性设计对整体结构的安全度有更直观的估计。

③对连续梁和低层框架的内力分析较弹性方法简便。

8-2　什么是塑性铰？塑性铰的特征有哪些？

答：杆件的截面弯矩达到塑性极限弯矩后，在力矩作用方向形成的可以转动的类似于铰的效果，称之为塑性铰。

塑性铰的特征：是一种单向铰，且可以传递弯矩。在外荷载作用下，杆件的某一截面达到塑性弯矩 M_p以后，该截面除可以传递该弯矩外，还在力矩作用方向上允许有任意大小的转动，但不能传递大于 M_p的弯矩。当卸载（或荷载反向作用）时，塑性铰恢复弹性，可以传递反方向弯矩，但不能任意转动；只有当反方向弯矩达到塑性弯矩时，才会形成反向的塑性铰。

8-3　塑性设计适用范围有哪些？塑性设计方法有几种？

答：我国《钢结构设计标准》（GB 50017—2017）规定塑性设计适用于不直接承受动力荷载的下列结构或构件：

①超静定梁。

②由实腹构件组成的单层框架结构。

③水平荷载作为主导可变荷载的荷载组合不控制构件截面设计的 2 层～6 层框架结构。

④满足下列条件之一的框架-支撑（剪力墙、核心筒等）结构中的框架部分：结构下部 1/3 楼层的框架部分承担的水平力不大于该层总水平力 20％；支撑（剪力墙）系统能够承担所有水平力。

塑形设计方法：简单塑性理论设计方法和弯矩调幅设计方法。

8-4　塑性设计中受弯构件强度验算采用何种截面模量？请陈述采用此种截面模量的理由。

答：采用 W_{nx}。W_{nx} 为对 x 轴的净截面模量，当截面板件宽厚比等级为 S1、S2 或 S3 级时，应取全截面模量。对于受弯构件采用塑性设计进行强度计算时，《钢结构设计标准》(GB 50017—2017)中规定采用 $\gamma_x W_{nx} f$ 作为弯矩计算值主要是基于以下原因：

①对连续梁，采用 $\gamma_x W_{nx} f$，可以使得正常使用状态下，弯矩最大截面的屈服区深度得到一定程度的控制，减小使用阶段的变形。

②对单层和没有设置支撑架的多层框架，如果形成塑性机构，那么框架结构的物理刚度已经达到 0 的状态。但是此时框架上还有竖向重力荷载，重力荷载对于结构是一种负的刚度(几何刚度)，因此在物理刚度已经为 0 的情况下，结构的总刚度(物理刚度与几何刚度之和)为负。按照结构稳定理论，此时已经超过了稳定承载力极限，荷载-位移曲线进入卸载阶段。为避免这种情况的出现，在塑性弯矩的利用上应进行限制。

二、习题

8-1　试用简单塑性分析方法，求出图 8-10 所示超静定梁的极限荷载。当 $0<\zeta<1$ 时，试求最大极限荷载的作用位置及数值(用 M_p 表示)。

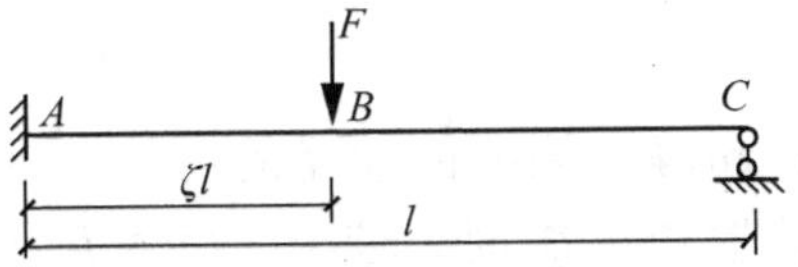

图 8-10　习题 8-1 附图

解：由图中可知，一端简支、一端固支的超静定梁在中部加载时固定端和跨中弯矩较大，梁可能出现塑性铰的位置是 A、B 两点处，最终形成的破坏机构如图(a)所示。

由图(a)中的变形及几何关系可以确定：

$$\theta_1=\frac{\delta}{\zeta l}$$

$$\theta_2=\frac{\delta}{\zeta l}+\frac{\delta}{(1-\zeta)l}$$

(1)破坏机构法

由虚功原理，对破坏机构有

$$F\delta=M_p\theta_1+M_p\theta_2=\frac{M_p\delta}{l}\left(\frac{2}{\zeta}+\frac{1}{1-\zeta}\right)$$

从而可求得

$$F=\frac{M_p}{l}\left(\frac{2}{\zeta}+\frac{1}{1-\zeta}\right)$$

(2)极限平衡法

取基本体系如图(b)所示，外荷载和未知力引起的弯矩如图(c)(d)所示。

各点弯矩叠加有

$$M_A = Vl - F\zeta l \text{ , } M_B = (1-\zeta)Vl$$

当达到塑性时，假设 $M_A = -M_p$ ，$M_B = M_p$ ，解得

$$V = \frac{M_p}{(1-\zeta)l}$$

$$F = \frac{M_p}{l}\frac{2-\zeta}{\zeta(1-\zeta)}$$

则该解既是机构上限解，又是平衡下限解，故该解为真实的极限荷载，即

$$F_u = \frac{M_p}{l}\frac{2-\zeta}{\zeta(1-\zeta)}$$

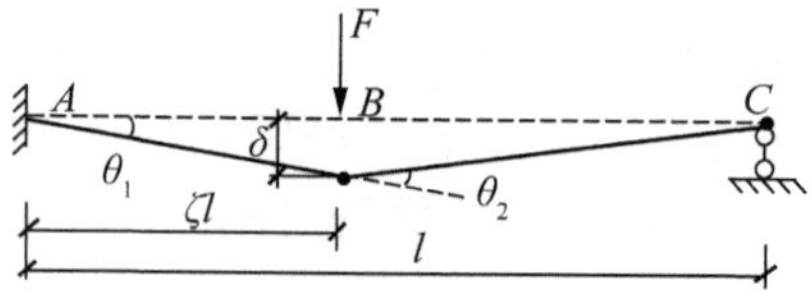

（a）塑性铰位置及形成的机构示意图

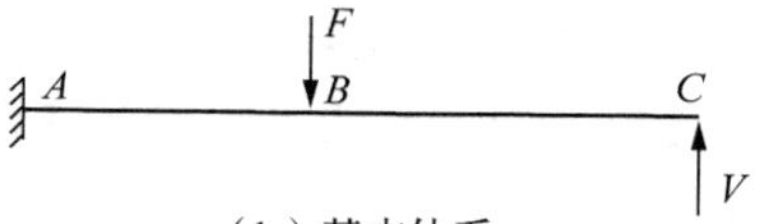

（b）基本体系

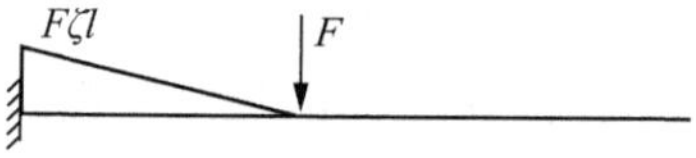

（c）外荷载作用弯矩图

（d）未知力作用弯矩图

由于 F 作用位置的移动，超静定梁所能承受的荷载 F 也不断变化。从结构设计角度出发，当 F 移动到某一特定位置 $\zeta = \zeta_0$ 时，较小的荷载 F_0 即可使 A、B 两处均出现塑性铰，超静定梁达到最大承载能力。此时荷载 $F_0 = F_u^{min}$ 即为超静定梁所能承受的最大极限荷载 $F_{max} = F_u^{min}$ 。

当 $0 < \zeta < 1$ 时，对 $F_u = \frac{M_p}{l}\frac{2-\zeta}{\zeta(1-\zeta)}$ 求导，由 $\frac{dF_u}{d\zeta} = 0$ ，解得

$$\zeta_0 = 2-\sqrt{2}$$

$$F_{max} = \frac{1}{3-2\sqrt{2}}\frac{M_p}{l}$$

8-2　采用简单塑性分析方法，求出图 8-11 所示门式刚架的极限荷载，假定图中梁柱截面完全相等。

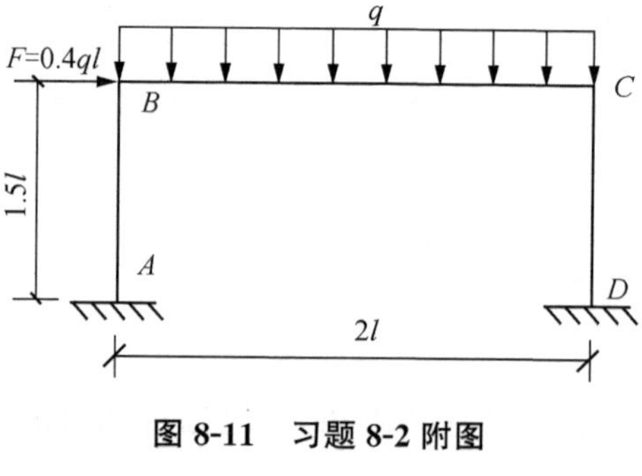

图 8-11　习题 8-2 附图

解：梁柱截面相同，有相同的塑性弯矩 M_{p}。

(1)破坏机构法

可能出现塑性铰的位置是点 1、2、3、4、5 处，三种可能的破坏机构如图(a)～(c)所示。运用虚功原理：

①对于图(a)中机构有

$$F\Delta = 2\int_0^l q\theta x\,\mathrm{d}x = q\theta l^2 = 4M_{\mathrm{p}}\theta$$

则 $q_1 = \dfrac{4M_{\mathrm{p}}}{l^2}$。

②对于图(b)中机构有

$$0.4ql \times \theta \times 1.5l = 4M_{\mathrm{p}}\theta$$

则 $q_2 = \dfrac{20M_{\mathrm{p}}}{3l^2}$。

③对于图 8-4(c)中机构有

$$q\theta l^2 + 0.4ql \times \alpha \times 1.5l = 1.6\alpha q l^2 = 6M_{\mathrm{p}}\theta$$

则 $q_3 = \dfrac{15M_{\mathrm{p}}}{4l^2}$。

由 $q_3 < q_1 < q_2$ 得极限荷载 $q_3 = \dfrac{15M_{\mathrm{p}}}{4l^2}$。

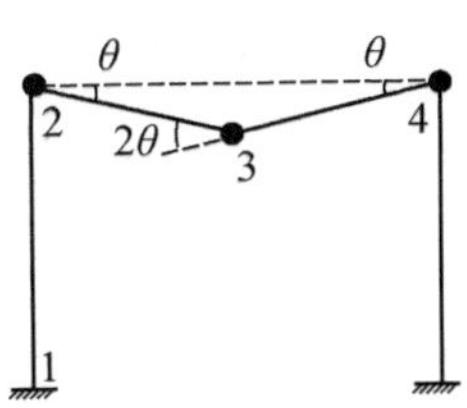

(a) 梁式破坏机构

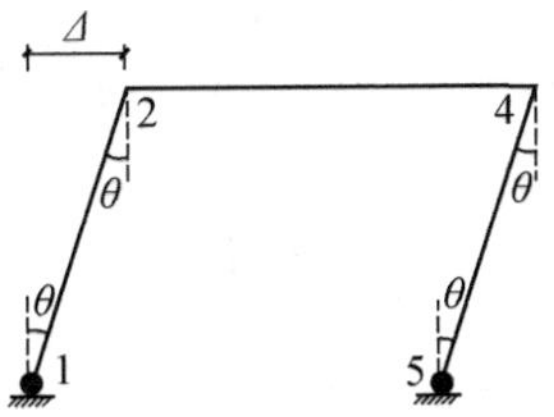

(b) 侧移式破坏机构

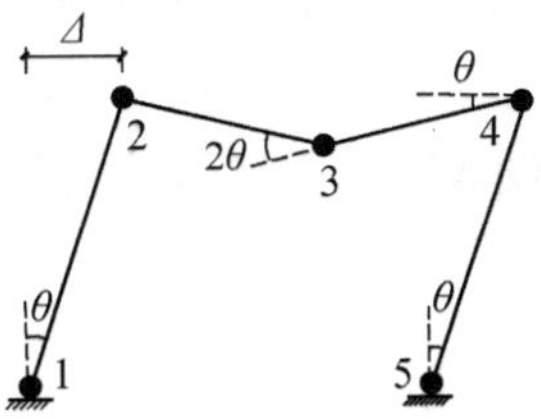

(c) 组合式破坏机构

(2)极限平衡法

取基本体系如图(a)所示。外荷载和未知力引起的弯矩图如图(b)～(e)所示。

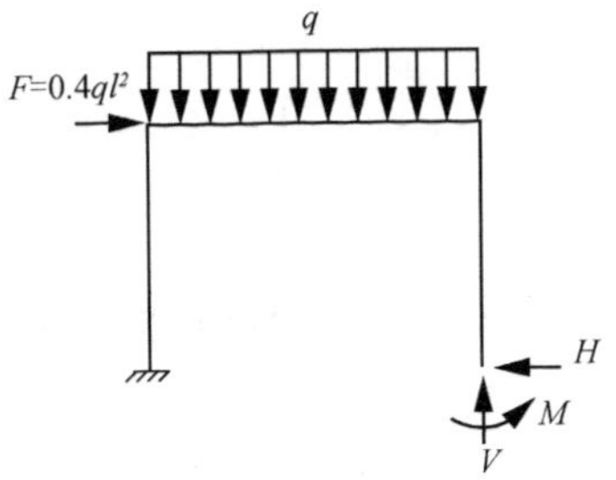

(a) 基本体系

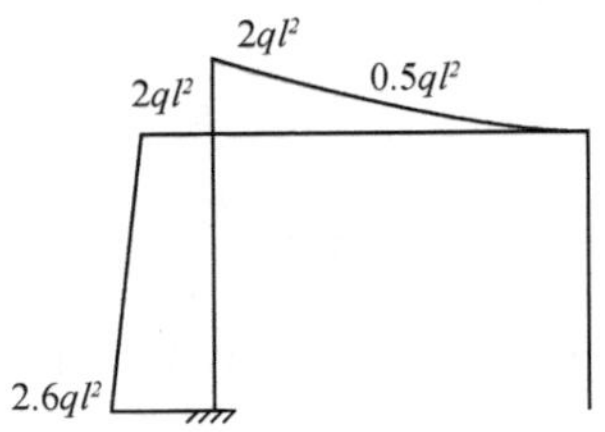

(b) 外荷载作用下弯矩图

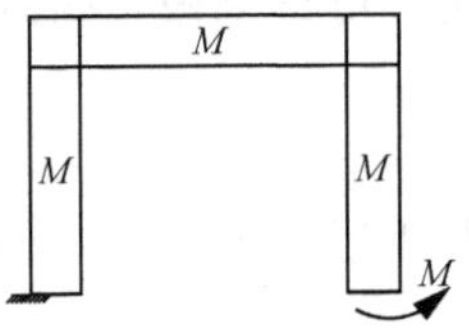

(c) 未知弯矩作用下弯矩图

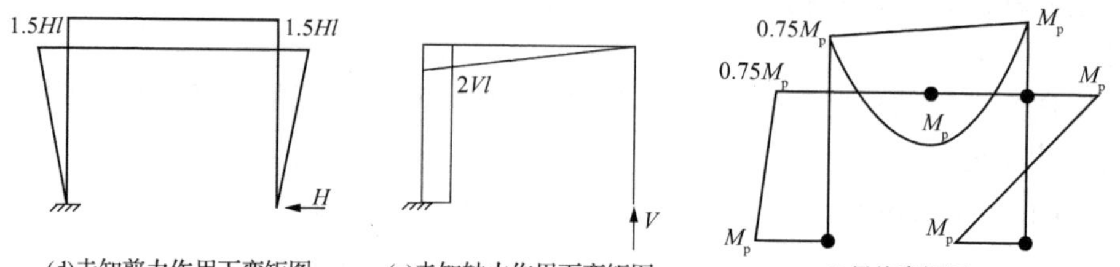

(d)未知剪力作用下弯矩图　(e)未知轴力作用下弯矩图　(f)最终弯矩图

针对 1、2、3、4、5，各点弯矩叠加如下：

$$M_1 = M + 2Vl - 2.6ql^2 \tag{8-1}$$

$$M_2 = M + 2Vl - 1.5Hl - 2ql^2 \tag{8-2}$$

$$M_3 = M + Vl - 1.5Hl - 0.5ql^2 \tag{8-3}$$

$$M_4 = M - 1.5Hl \tag{8-4}$$

$$M_5 = M \tag{8-5}$$

由图(b)～(e)判断 M_5 、M_4 、M_3 可能先达到塑性弯矩，即假设 $M_5 = M_p$ ，$M_4 = -M_p$ ，$M_3 = M_p$ ，分别代入式(8-5)、式(8-4)、式(8-3)中，求解得

$$M = M_p ,\ H = \frac{4M_p}{3l} ,\ V = \frac{2M_p + 0.5ql^2}{l}$$

将 M、V、H 各值代入式(8-1)、(8-2)中，得

$$M_1 = 5M_p - 1.6ql^2 ,\ M_2 = 3M_p - ql^2$$

假设 $M_2 = -M_p$ ，可得

$$q = \frac{4M_p}{l^2}$$

此时，$M_1 = -1.4M_p < -M_p$。

M_1处已先出现塑性铰，显然是不对的。

假设 $M_1 = -M_p$ ，可得

$$q = \frac{15M_p}{4l^2}$$

此时，$M_2 = -\frac{3}{4}M_p$ ，满足假设。

因此，可得到极限荷载：

$$q = \frac{15M_p}{4l^2}$$

综上所述，该解既是机构上限解，又是平衡下限解，故该解为真实的极限荷载，即

$$q_u = \frac{15M_p}{4l^2}$$

8-3　假定习题 8-2 图中的刚架 l=3 m，q=120 kN/m(荷载设计值)，试按塑性设计选择梁、柱截面。计算时可忽略梁柱自重。

解：

(1)求 M_p及刚架杆件内力

由习题 8-2 的塑性分析知 $q_u = \dfrac{15M_p}{4l^2}$，则

$$M_p = \frac{4ql^2}{15} = \frac{4 \times 120 \times 3 \times 3}{15} = 288(\text{kN} \cdot \text{m})$$

根据内力平衡条件，求得形成机构时的刚架内力分布如下图所示。

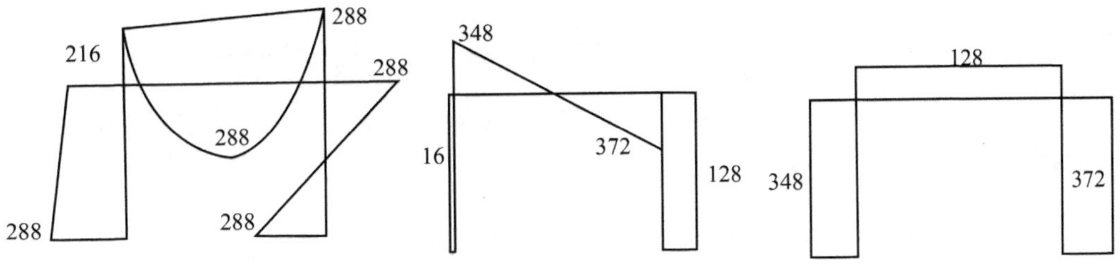

(a)M图（单位：kN·m）　(b)V图（单位：kN·m）　(c)N图（单位：kN·m）

(2)求所需 W_{nx}

$$W_{nx,t} = \frac{M_p}{\gamma_x f} = \frac{288}{1.05 \times 215} \approx 1.28 \times 10^6(\text{mm}^3)$$

(3)试选焊接 H 形截面

如下图所示，翼缘面积：

$$2A_f = 2 \times 260 \times 14 = 7\ 280(\text{mm}^2)$$

腹板面积：

$$A_w = 660 \times 12 = 7\ 920(\text{mm}^2)$$

总面积：

$$A_n = 2A_f + A_w = 7\ 280 + 7\ 920 = 15\ 200(\text{mm}^2)$$

$$I_{nx} = \frac{1}{12}(260 \times 688^3 - 248 \times 660^3) \approx 1.11 \times 10^9(\text{mm}^4)$$

$$W_{npx} = 260 \times 14 \times 674 + 330 \times 12 \times 330 \approx 3.76 \times 10^6(\text{mm}^3)$$

$$W_{nx} \approx \frac{1.11 \times 10^9}{344} = 3.23 \times 10^6(\text{mm}^3) > W_{nx,t} = 1.28 \times 10^6(\text{mm}^3)$$

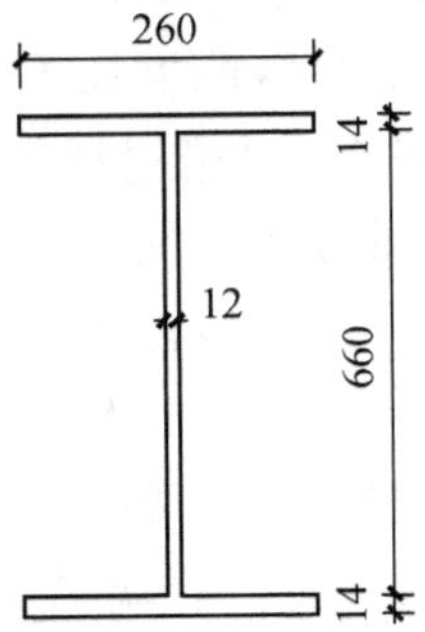

(4)板件承载力验算

①腹板剪切强度验算：

梁柱中的最大剪力设计值 $V_{\max}=372\ \text{kN}$，则

$$h_w t_w f_v = 660\times12\times125 = 990(\text{kN}) > V_{\max}$$

②梁、柱构件承载力验算：

梁、柱均为压弯构件，最大弯矩为 $M_{\max}=288\ \text{kN}\cdot\text{m}$，相应最大压力 $V_{\max}=372\ \text{kN}$，按压弯构件验算。因

$$\sigma_{\max}=\frac{N}{A_n}+\frac{M_x}{\gamma_x W_{nx}}=\frac{372\times10^3}{15\ 200}+\frac{288\times10^6}{1.05\times3.23\times10^6}$$

$$\approx 24.47+84.92=109.39(\text{N/mm}^2)<f=215(\text{N/mm}^2)$$

(5)塑性铰部位强度验算

由于 $\dfrac{N}{A_n f}=\dfrac{372\times10^3}{15\ 200\times215}\approx0.11<0.15$，故

$$0.9W_{npx}f=0.9\times3.76\times10^6\times215=727.56(\text{kN}\cdot\text{mm})>288(\text{kN}\cdot\text{mm})$$

(6)验算板件宽厚比

①翼缘：

$$\frac{b}{t}=\frac{124}{14}\approx8.86<9\varepsilon_k=9\sqrt{\frac{235}{f_y}}=9$$

②腹板：

由内力图知梁、柱均为压弯构件，因为

$$\sigma_{\max}=109.39(\text{N/mm}^2)，\sigma_{\min}=24.47-84.92=-60.45(\text{N/mm}^2)$$

$$\alpha_0=\frac{\sigma_{\max}-\sigma_{\min}}{\sigma_{\max}}=\frac{109.39+60.45}{109.39}\approx1.55$$

所以

$$\frac{h_0}{t_w}=\frac{660}{12}=55<(33+13\alpha_0^{1.3})\varepsilon_k=(33+13\times1.55^{1.3})\times1\approx56$$

翼缘和腹板均满足 S1 级截面要求。

(7)平面内整体稳定验算

①刚架梁、柱平面内计算长度确定：

由于梁、柱均为压弯构件，均应按压弯构件验算弯矩作用平面内的整体稳定。

刚架柱平面内的计算长度应按教材附表 7-2 有侧移框架柱的计算长度系数确定。由于梁和柱的截面相同，因此梁上端的梁、柱线刚度比 K_1 就等于刚架的高跨比 0.75，柱下端与基础刚接，取 $K_2=10$，查教材附表 7-2 并通过插值法求得柱计算长度系数 $\mu_c=1.235$，同时有侧移框架柱的计算长度系数应乘以 1.1 的放大系数。因此，柱平面内计算长度为

$$l_{0xc}=1.1\times\mu_c\times1.5l=1.1\times1.235\times450=611.33(\text{cm})$$

刚架梁平面内的计算长度可按教材附表 7-1 无侧移框架柱的计算长度系数确定。此时可将刚架横置，以横梁为受压柱，将柱看成远端为嵌固的横梁。根据教材附表 7-1，应将横梁线刚度乘以 2，因此柱(实际为梁)上、下端横梁(实际为柱)与柱的线刚度比 $K_1=K_2=2.67$，由教材附表 7-1 并通过插值法求得实际梁的计算长度系数 $\mu_b=0.656$，梁平面内计算长度：$l_{0xb}=\mu_b l=0.656\times600=393.60(\text{cm})$。

②梁、柱截面绕 x 轴的回转半径：

$$i_x=\sqrt{\frac{I_x}{A}}=\sqrt{\frac{1.11\times10^9}{15\ 200}}\approx27(\text{cm})$$

梁绕 x 轴的长细比：

$$\lambda_{xb}=\frac{l_{0xb}}{i_x}=\frac{393.60}{27}\approx14.58$$

柱绕 x 轴的长细比：

$$\lambda_{xc}=\frac{l_{0xc}}{i_x}=\frac{611.33}{27}\approx22.64$$

③梁、柱平面内稳定系数：

按 b 类构件查教材附表 3-1 并通过插值法求得梁、柱的轴心受压构件稳定系数分别为

$$\varphi_{xb}=0.984,\ \varphi_{xc}=0.961$$

④平面内稳定参数：

$$N'_{\text{Exb}}=\frac{\pi^2EA}{1.1\lambda_{xb}^2}=\frac{3.14^2\times2.06\times10^5\times15\ 200}{1.1\times14.58^2}\approx1.32\times10^5(\text{kN})$$

$$N'_{\text{Exc}}=\frac{\pi^2EA}{1.1\lambda_{xc}^2}=\frac{3.14^2\times2.06\times10^5\times15\ 200}{1.1\times22.64^2}\approx5.48\times10^4(\text{kN})$$

⑤平面内等效弯矩系数：

由教材 6.3.1 节中等效弯矩系数 β_{mx} 的规定可知，对刚架梁，按无侧移框架柱受端弯矩和横向均布荷载作用，其等效弯矩系数按如下步骤计算：

$$M_{qx}=\frac{1}{8}q\ (2l)^2=\frac{1}{8}\times120\times6^2=540(\text{kN}\cdot\text{m})$$

$$N_{\text{cr1b}}=\frac{\pi^2EI}{l_{0xb}^2}=\frac{3.14^2\times2.06\times10^5\times1.11\times10^9}{3\ 936^2}\approx1.46\times10^5(\text{kN})$$

$$\beta_{mqx}=1-\frac{0.18N_b}{N_{\text{cr1b}}}=1-\frac{0.18\times128}{1.46\times10^5}\approx0.999\ 8$$

$$\beta_{m1x}=0.6+0.4\frac{M_2}{M_1}=0.6-0.4\times\frac{216}{288}=0.3$$

$$\beta_{mxb}M_{xb}=\beta_{m1x}M_1+\beta_{mqx}M_{qx}=0.3\times288+0.999\ 8\times540\approx626.29(\text{kN}\cdot\text{m})$$

对刚架柱，两刚架柱的弯矩相同，右侧柱的轴压力较大，因此以右侧柱进行平面内整体稳定性验算：

$$N_{\text{cr1}}=\frac{\pi^2EI}{l_{0xc}^2}=\frac{3.14^2\times2.06\times10^5\times1.11\times10^9}{6\ 113.3^2}=6.03\times10^4(\text{kN})$$

$$\beta_{mxc}=1-\frac{0.36N_{c1}}{N_{\text{cr1}}}=1-\frac{0.36\times372}{6.03\times10^4}\approx0.998$$

⑥平面内整体稳定验算：

考虑轴力和弯矩的综合作用，梁的稳定性验算如下：

$$\frac{N_b}{\varphi_{xb}Af}+\frac{\beta_{mxb}M_{xb}}{\gamma_xW_{1x}(1-0.8N_b/N'_{\text{Exb}})f}$$

$$=\frac{128\times10^3}{0.984\times15\ 200\times215}+\frac{626.29\times10^6}{1.05\times3.23\times10^6\times\left(1-0.8\times\frac{128}{1.32\times10^5}\right)\times215}$$

$$\approx0.040+0.860=0.90<1$$

柱的稳定验算如下：

$$\frac{N_c}{\varphi_{xc}Af}+\frac{\beta_{mxc}M_{xc}}{\gamma_x W_{1x}(1-0.8N_c/N'_{Exc})f}$$

$$=\frac{372\times10^3}{0.961\times15\ 200\times215}+\frac{0.998\times288\times10^6}{1.05\times3.23\times10^6\times\left(1-0.8\times\frac{372}{5.48\times10^4}\right)\times215}$$

$$\approx0.118+0.396\approx0.51<1$$

(8)平面外稳定验算

假定刚架在 2、4 两节点处设置平面外支撑。

①刚架梁、柱平面外计算长度确定：

框架柱在平面外的计算长度取面外支撑点之间的距离，故梁的计算长度为 $l_{0yc}=2l=600\ \text{cm}$，柱的计算长度为 $l_{0yb}=1.5l=450\ \text{cm}$。

②梁、柱截面绕 y 轴的回转半径：

$$I_y=\frac{1}{12}\times(14\times260^3\times2+660\times12^3)\approx4.11\times10^7(\text{mm}^4)$$

$$i_y=\sqrt{\frac{I_y}{A}}=\sqrt{\frac{4.11\times10^7}{15\ 200}}\approx5.20(\text{cm})$$

梁绕 y 轴的长细比：

$$\lambda_{yb}=\frac{l_{0yb}}{i_y}=\frac{450}{5.20}\approx86.54$$

柱绕 y 轴的长细比：

$$\lambda_{yc}=\frac{l_{0yc}}{i_y}=\frac{600}{5.2}\approx115.38$$

③梁、柱平面外稳定系数：

按 b 类构件查教材附表 3-2 并通过插值法求得梁、柱的轴心受压构件稳定系数分别为

$$\varphi_{yb}=0.645,\ \varphi_{yc}=0.461$$

④截面影响系数：

因梁、柱构件均为开口截面，故

$$\eta_b=1,\ \eta_c=1$$

⑤整体稳定系数：

梁：

$$\varepsilon_b=\frac{l_1t_1}{b_1h}=\frac{600\times10\times14}{260\times688}\approx0.47<2$$

$$\beta_{bb}=0.69+0.13\times\varepsilon_b=0.69+0.13\times0.47\approx0.75$$

双轴对称截面，$\eta_{bb}=0$，则

$$\varphi_{bb}=\beta_{bb}\frac{4\ 320}{\lambda_{yb}^2}\cdot\frac{Ah}{W_x}\left[\sqrt{1+\left(\frac{\lambda_{yb}t_1}{4.4h}\right)^2}+\eta_{bb}\right]\varepsilon_k$$

$$=0.75\times\frac{4\ 320}{86.54^2}\times\frac{15\ 200\times688}{3.23\times10^6}\times\left[\sqrt{1+\left(\frac{86.54\times14}{4.4\times688}\right)^2}+0\right]\times1$$

$$\approx1.51>0.6$$

$$\varphi'_{bb}=1.07-\frac{0.282}{\varphi_{bb}}=1.07-\frac{0.282}{1.51}\approx 0.88$$

柱：

$$\beta_{bc}=1.75-1.05\frac{M_2}{M_1}+0.3\left(\frac{M_2}{M_1}\right)^2=1.75-1.05\times(-1)+0.3\times(-1)^2=3.1>2.3$$

故 $\beta_{bc}=2.3$。

双轴对称截面，$\eta_{bc}=0$，则

$$\begin{aligned}\varphi_{bc}&=\beta_{bc}\frac{4\ 320}{\lambda_{yc}^2}\cdot\frac{Ah}{W_x}\left[\sqrt{1+\left(\frac{\lambda_{yc}t_1}{4.4h}\right)^2}+\eta_{bc}\right]\varepsilon_k\\&=0.75\times\frac{4\ 320}{115.38^2}\times\frac{15\ 200\times 688}{3.23\times 10^6}\times\left[\sqrt{1+\left(\frac{115.38\times 14}{4.4\times 688}\right)^2}+0\right]\times 1\\&\approx 0.89>0.6\end{aligned}$$

$$\varphi'_{bc}=1.07-\frac{0.282}{\varphi_{bc}}=1.07-\frac{0.282}{0.89}\approx 0.75$$

⑥平面外等效弯矩系数：

梁存在端弯矩和横向荷载作用，且产生反向曲率，则

$$\beta_{txb}=0.85$$

柱存在端弯矩无横向荷载作用，则

$$\beta_{txc}=0.65+0.35\frac{M_2}{M_1}=0.65-0.35=0.3$$

⑦平面外稳定验算：

梁：

$$\begin{aligned}\frac{N_b}{\varphi_{yb}Af}+\eta_b\frac{\beta_{txb}M_{xb}}{\varphi_{bb}W_{1x}f}&=\frac{128\times 10^3}{0.645\times 15\ 200\times 215}+1.0\times\frac{0.85\times 288\times 10^6}{0.88\times 3.23\times 10^6\times 215}\\&\approx 0.061+0.401\approx 0.46<1\end{aligned}$$

柱：

$$\begin{aligned}\frac{N_c}{\varphi_{yc}Af}+\eta_c\frac{\beta_{txc}M_{xc}}{\varphi_{bc}W_{1x}f}&=\frac{372\times 10^3}{0.461\times 15\ 200\times 215}+1.0\times\frac{0.3\times 288\times 10^6}{0.75\times 3.23\times 10^6\times 215}\\&\approx 0.247+0.166\approx 0.41<1\end{aligned}$$

(9)局部稳定验算

对实腹式压弯构件，其构件局部稳定性要求腹板高厚比和翼缘宽厚比应满足 S4 级截面要求。上述验算结果表明，构件截面尺寸均已满足 S1 级截面要求，因此，构件的局部稳定性满足要求。

综上所述，所选择的构件截面能够使刚架梁柱平面内的整体稳定、平面外整体稳定及其截面的局部稳定和强度承载力均满足要求。

第 9 章　钢结构抗震性能化设计

思考题

9-1　什么是钢结构的性能化设计？它与传统的钢结构抗震设计有什么区别与联系？

答：根据钢结构工程的具体情况，预先设定结构构件的性能目标与延性等级，并采取恰当的计算和抗震措施实现相应的目标的设计方法称为钢结构的性能化设计方法。

传统的抗震设计的思路认为结构在设防地震作用下会进入弹塑性，因此，基于延性耗能的原则，设防烈度高耗能就大，延性要求就高。抗震设计方法是按照小震地震作用计算＋抗震构造要求进行的。

抗震性能化设计则是在小震设计后，再进行中震设计。中震设计是对承载力和延性的平衡和选择，实际上可能处于一个迭代循环过程，即假定塑性耗能区承载性能等级(与塑性耗能区的延性等级直接挂钩，设防类别高的提高一档)，得到地震作用效应，再进行构件承载力抗震验算以及机构控制验算，如有问题则进行调整，循环计算。

由此可见，钢结构的抗震性能化设计，实际上是在常规抗震设计方法(考虑一定的延性，大致属于中到高延性)的基础上另外提供了一个低延性的抗震设计途径，从而能适用于更多的情况。

9-2　钢结构性能化设计的基本思路是什么？

答：限于地震研究的现状，提高结构(局部)或构件的变形能力并同时提高抗震承载力，是目前抗震性能化设计的基本思路。针对钢结构工程抗震性能化设计，《钢结构设计标准》(GB 50017—2017)的基本做法是：引入承载性能等级反映构件的承载力，引入延性等级反映构件延性，延性等级和承载性能等级合理匹配实现“高延性、低承载力”“低延性、高承载力”的抗震设计。

9-3　什么是结构构件的性能系数？

答：性能系数就是指进行设防地震作用验算时，考虑结构的延性对地震作用的折减系数。

9-4　性能化设计结构构件水平地震作用的内力调整系数是如何取值的？

答：结构性能化设计对结构构件的内力调整：

(1)塑性耗能区构件应取 1.0，其余构件不宜小于 1.1 η_y，η_y 为考虑实际屈服强度超出设计屈服强度的超强系数。

(2)当钢结构构件延性等级为Ⅴ级时，非塑性耗能区内力调整系数可采用1.0。

(3)支撑系统的水平地震作用非塑性耗能区内力调整系数应按下式确定：

$$\beta_{br,ei} = 1 + 0.7\beta_i$$

式中，β_i 为 i 层支撑水平地震剪力分担率，对屈曲约束支撑取0，当大于0.714时，取为0.714。

9-5　性能化设计如何进行构件承载力性能验算？

答：中震下构件承载力验算时，承载力标准值应进行计入性能系数的内力组合效应验算。

$$S_{E2} = S_{GE} + \Omega_i S_{Ehk2} + 0.4S_{Evk2}$$

$$S_{E2} \leqslant R_k$$

式中，S_{E2}为构件设防地震内力性能组合值，S_{GE}为构件中重力荷载代表值产生的效应，S_{Ehk2}、S_{Evk2}分别为按弹性或等效弹性计算的构件水平设防地震作用标准效应、8度且高度大于50 m时按弹性或等效弹性计算的构件竖向设防地震作用的标准值效应，R_k 为按屈服强度计算的构件实际截面承载力标准值，Ω_i 为构件性能系数。

9-6　塑性耗能区的设计要点有哪些？

答：塑性耗能区就是大的地震作用下进入塑性并且耗散地震输入能量的构件部分，而不能进入塑性的区域则为非塑性耗能区。钢结构抗震设计思路是进行塑性机构控制，由于非塑性耗能区构件和节点的承载力设计要求取决于结构体系及构件塑性耗能区的性能，因此抗震设计重点控制构件塑性耗能区的抗震性能，设计要点包括：

(1)塑性耗能区的材料要求

①钢材的屈服强度实测值与抗拉强度实测值的比值不应大于0.85。

②钢材应有明显的屈服台阶，且伸长率不应小于20%。

③钢材应满足屈服强度实测值不高于上一级钢材屈服强度规定值的条件。

④钢材工作温度时夏比冲击韧性不宜低于27 J。

(2)塑性耗能区的性能等级确定

结合设计的结构高度及设防烈度，初步确定塑性耗能区承载性能等级范围，参考教材表9-2，在性能等级范围内选择确定某一个具体的性能等级。

表9-2　塑性耗能区承载性能等级参考选用表

设防烈度	单层	$H \leqslant 50$ m	50 m$< H \leqslant$100 m
6度(0.05g)	性能3～7	性能4～7	性能5～7
7度(0.10g)	性能3～7	性能5～7	性能6～7
7度(0.15g)	性能4～7	性能5～7	性能6～7
8度(0.20g)	性能4～7	性能6～7	性能7

注：H 为钢结构房屋的高度，即室外地面到主要屋面板板顶的高度(不包括突出屋面的部分)。

(3)塑性耗能区的延性等级确定(教材表 9-3)

表 9-3　结构构件最低延性等级

设防类别	塑性耗能区最低承载性能等级						
	性能 1	性能 2	性能 3	性能 4	性能 5	性能 6	性能 7
适度设防类(丁类)				Ⅴ级	Ⅳ级	Ⅲ级	Ⅱ级
标准设防类(丙类)			Ⅴ级	Ⅳ级	Ⅲ级	Ⅱ级	Ⅰ级
重点设防类(乙类)		Ⅴ级	Ⅳ级	Ⅲ级	Ⅱ级	Ⅰ级	
特殊设防类(甲类)	Ⅴ级	Ⅳ级	Ⅲ级	Ⅱ级	Ⅰ级		

(4)塑性耗能区的最小性能系数确定

规则结构的塑性耗能区不同承载性能等级对应的性能系数最小值按照教材表 9-4 的要求执行，不规则结构的塑性耗能区构件性能系数最小值宜比规则结构增加 15%～50%。

表 9-4　规则结构塑性耗能区不同承载性能等级对应的性能系数最小值

承载性能等级	性能 1	性能 2	性能 3	性能 4	性能 5	性能 6	性能 7
性能系数最小值	1.10	0.9	0.70	0.55	0.45	0.35	0.28

确定了塑性耗能区的最小性能系数，才能进一步确定结构构件的性能系数，完成结构构件的设计验算。

(5)塑性耗能区抗震构造要求

①构件塑性耗能区应符合下列规定：

a)塑性耗能区板件间的连接应采用完全焊透的对接焊缝。

b)位于塑性耗能区的梁或支撑宜采用整根材料，当热轧型钢超过材料最大长度规格时，可进行等强拼接。

c)位于塑性耗能区的支撑不宜进行现场拼接。

②框架梁端塑性耗能区性能系数较小，要求的延性性能较高，应满足如下构造要求：

a)与构件延性等级对应的塑性耗能区(梁端)截面板件宽厚比等级和设防地震性能组合下的最大轴力 N_{E2} 、剪力 V_{pb} 应符合教材表 9-8 的要求：

表 9-8　结构构件延性等级对应的塑性耗能区(梁端)截面板件宽厚比等级和轴力、剪力限值

结构构件延性等级	Ⅴ级	Ⅳ级	Ⅲ级	Ⅱ级	Ⅰ级
截面板件宽厚比最低等级	S5	S4	S3	S2	S1
N_{E2}		$\leqslant 0.15Af$		$\leqslant 0.15Af_y$	
V_{pb}(未设置纵向加劲肋)		$\leqslant 0.5h_w t_w f_v$		$\leqslant 0.5h_w t_w f_{vy}$	

注：单层或顶层无需满足最大轴力与最大剪力的限值。

b)当梁端塑性耗能区为工字形截面时，应符合下列要求之一：

(a)工字行梁上翼缘有楼板且布置间距不大于 2 倍梁高的加劲肋。

(b)工字形梁受弯正则化长细比 $\lambda_{n,b}$ 限值符合教材表 9-9 的要求。

(c)上下翼缘均设置侧向支承。

表 9-9　工字形梁正则化宽厚比 $\lambda_{n,b}$ 限值

结构构件延性等级	Ⅰ级、Ⅱ级	Ⅲ级	Ⅳ级	Ⅴ级
上翼缘无楼板	$0.8\lambda_{n,b0}$	$\lambda_{n,b0}$	1.0	1.2
上翼缘有楼板	0.25	0.4	0.55	0.8

9-7　抗震性能化设计需确定结构构件的性能目标，请问结构构件的性能目标是如何确定的?

答：钢结构构件的抗震性能化设计根据建筑的抗震设防类别、设防烈度、场地条件、结构类型和不规则性，结构构件在整个结构中的作用、使用功能和附属设施功能的要求、投资大小、震后损失和修复难易程度等，经综合分析、比较后选定其抗震性能目标。《钢结构设计标准》(GB 50017—2017)对构件塑性耗能区的抗震承载性能等级及其在不同地震动水准下的性能目标按照教材表 9-1 进行划分。

表 9-1　构件塑性耗能区的抗震承载性能等级和目标

承载性能等级	地震动水准		
	多遇地震	设防地震	罕遇地震
性能 1	完好	完好	基本完好
性能 2	完好	基本完好	基本完好—轻微变形
性能 3	完好	实际承载力满足高性能系数的要求	轻微变形
性能 4	完好	实际承载力满足较高性能系数的要求	轻微变形—中等变形
性能 5	完好	实际承载力满足中性能系数的要求	中等变形
性能 6	基本完好	实际承载力满足低性能系数的要求	中等变形—显著变形
性能 7	基本完好	实际承载力满足最低性能系数的要求	显著变形

教材表 9-1 中，“完好”指承载力设计值满足弹性计算内力设计值的要求，“基本完好”指承载力设计值满足刚度适当折减后的内力设计值要求或承载力标准值满足要求，“轻微变形”指层间侧移约 1/200 时塑性耗能区的变形，“显著变形”指层间侧移为 1/50～1/40 时塑性耗能区的变形。

第 10 章　钢结构的疲劳和脆性断裂

一、思考题

10-1　钢材疲劳破坏的影响因素有哪些？

答：疲劳破坏最主要的影响因素有构件和连接的构造类型、应力幅、板厚或螺栓直径。

10-2　为何影响焊接结构疲劳强度的主要因素是应力幅，而不是应力比？

答：在焊接结构中，构件和焊缝中有较大的残余应力，截面内的实际应力是外荷载产生的应力与残余应力之和。这样，在外荷载的应力循环中，由外荷载产生的应力比就与实际的应力比截然不同，而此时两者的应力幅却是完全相同的。因此，应力比已无实际意义。

10-3　何谓变幅疲劳的等效应力幅？它是根据什么原理求得的？

答：将变幅疲劳换算成应力循环 200 万次的常幅疲劳对应的应力幅称为等效应力幅。

变幅疲劳的等效应力幅计算原理如下：首先根据结构实际的应力状况，按雨流法或泄水法等计数方法进行应力幅的频次统计、预测或估算得到结构的设计应力谱，然后根据 Miner 线性累计损伤定律计算变幅疲劳破坏的累计损伤效应 $\sum \frac{n_i}{N_i}$，设想一常幅疲劳(应力幅为$\Delta\sigma_e$循环 200 万次)的疲劳破坏与其具有等效的疲劳损伤效应，根据 S-N 曲线计算该常幅疲劳破坏对应的应力幅$\Delta\sigma_e$即等效应力幅。

10-4　钢材的静力强度对焊接构件和连接的疲劳强度有影响吗？为什么？

答：钢材的静力强度与焊接构件和连接的疲劳强度没有太大关系。因为疲劳对材料缺陷(包括裂纹、组织缺陷等)或构件开孔、缺口、台阶等几何不连续处十分敏感，这类几何不连续将引起应力集中，加速裂纹萌生和扩展，导致疲劳破坏总是发生在高局部应力的截面，破坏时的最大应力值远低于静力试验时材料的强度极限，甚至低于屈服强度。因此，疲劳破坏最主要的影响因素是构件和连接的构造类型和应力幅。

10-5　引起钢材脆性断裂的主要因素有哪些？应如何防止脆性破坏的发生？

答：影响钢材在一定条件下出现脆件破坏的因素主要有：钢材的内在因素，如钢材的化学成分、组织构造和缺陷等；钢材的外在因素，如构造缺陷和焊接加工引起的应力集中(特别是厚板的应力集中)、低温影响、动荷作用、冷作硬化和应变时效硬化等。

为了防止脆性破坏的发生，钢结构在设计和施工过程中应符合下列规定。

(1)钢结构设计时

①选择的钢结构连接构造和加工工艺应减少结构的应力集中和焊接约束应力，焊接构件宜采用较薄的板件组成。

②应避免现场低温焊接。

③减少焊缝的数量和降低焊缝尺寸，同时避免焊缝过分集中或多条焊缝交会。

④在工作温度等于或低于－30 ℃的地区，焊接构件宜采用实腹式构件，避免采用手工焊接的格构式构件。

(2)焊接连接的构造在工作温度等于或低于－20 ℃的地区

①在桁架节点板上，腹杆与弦杆相邻焊缝焊趾间净距不宜小于 $2.5t$。

②节点板与构件主材的焊接连接处宜做成半径 r 不小于 60 mm 的圆弧并予以打磨，使之平缓过渡。

③在构件拼接连接部位，应使拼接件自由段的长度不小于 $5t$。

(3)结构设计及施工在工作温度等于或低于－20 ℃地区

①承重构件和节点的连接宜采用螺栓连接，施工临时安装连接应避免采用焊缝连接。

②受拉构件的钢材边缘宜为轧制边或自动气割边。对厚度大于 10 mm 的钢材采用手工气割或剪切边时，应沿全长刨边。

③板件制孔应采用钻成孔或先冲后扩钻孔。

④受拉构件或受弯构件的拉应力区不宜使用角焊缝。

⑤对接焊缝的质量等级不得低于二级。

对于特别重要或特殊的结构构件和连接节点，可采用断裂力学和损伤力学的方法对其进行抗脆断验算。

二、习题

10-1　图 10-15 所示的构造，截面为一热轧轻型工字钢工 18，采用对焊而成。承受静力荷载设计值 $P_1=260$ kN(拉力)，对称循环的动力荷载 $P_2=100$ kN，设循环次数为 $n=5\times10^5$，钢材为 Q355 钢，试确定此构造是否安全。

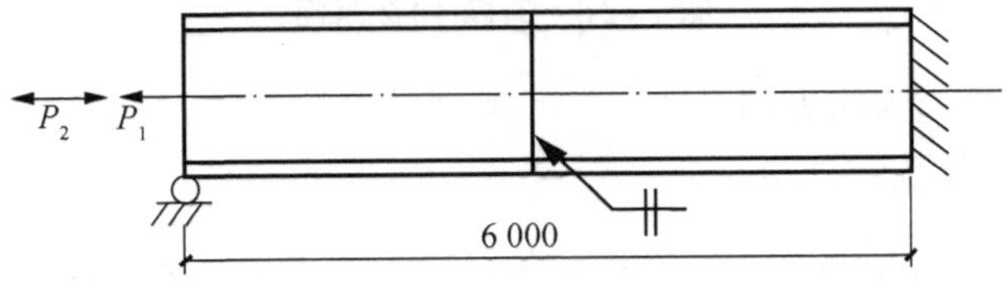

图 10-15　习题 10-1 附图

解：(1)计算静力强度

$$\sigma=\frac{P_1}{A}=\frac{260\times10^3}{23.38\times10^2}\approx111.21(\text{MPa})<f_t^w=305(\text{MPa})$$

满足要求。

(2)计算跨中截面危险点(截面最外边缘点)的应力幅

$$\sigma_{\min} = -\frac{P_2}{A} = -\frac{100\times10^3}{23.38\times10^2} \approx -42.77(\text{N/mm}^2)$$

$$\sigma_{\max} = \frac{P_1}{A} = \frac{260\times10^3}{23.38\times10^2} \approx 111.21(\text{N/mm}^2)$$

$$\Delta\sigma = \sigma_{\max} - \sigma_{\min} = 111.21 + 42.77 = 153.98(\text{N/mm}^2)$$

(3)确定$[\Delta\sigma]$，并校核疲劳强度

板厚小于 25 mm，修正系数 γ_t 取 1.0。

根据教材附表 8-3 中项次 1 可知构件及连接类别为 Z4，查教材表 10-1 可知 $[\Delta\sigma_L]_{1\times10^8}$ 取 46 N/mm²，故

$$\Delta\sigma = 153.98\ \text{N/mm}^2 > \gamma_t[\Delta\sigma_L]_{1\times10^8} = 46\ \text{N/mm}^2$$

不满足要求，应再根据循环次数计算疲劳强度。

循环次数 $n = 5\times10^5 < 5\times10^6$，按教材式(10-14)计算疲劳强度$[\Delta\sigma]$。

从教材表 10-1 中查得 $C_Z=2.81\times10^{12}$、$\beta_Z=3$，则

$$[\Delta\sigma] = \left(\frac{C_Z}{n}\right)^{1/\beta_Z} = \left(\frac{2.81\times10^{12}}{5\times10^5}\right)^{1/3} \approx 177.79(\text{N/mm}^2)$$

$\Delta\sigma < \gamma_t[\Delta\sigma]$，疲劳强度满足要求。

10-2　图 10-16 所示焊接连接承受静力荷载设计值 $N=500$ kN(拉力)，动力荷载 $P_1=40$ kN(拉力)，$P_2=30$ kN(压力)，设循环次数 $n=5\times10^5$，采用三面围焊，焊脚尺寸为 6 mm，钢材为 Q235 钢，试验算此连接是否安全。

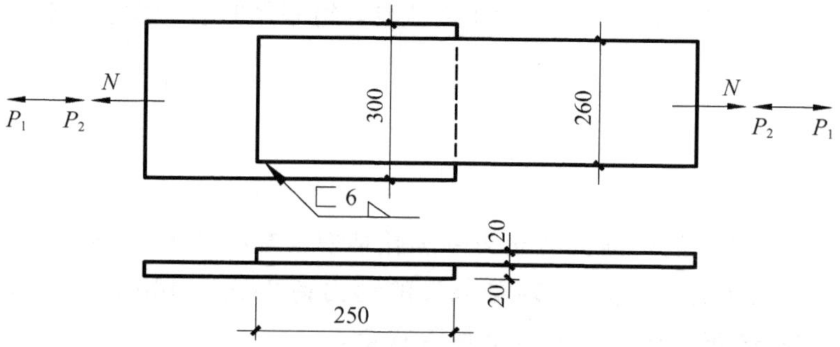

图 10-16　习题 10-2 附图

解: (1)计算角焊缝的应力幅

疲劳连接的角焊缝 $\beta_f = 1.0$。

$$\sigma_{\max}\ 或\ \tau_{\max} = \frac{P_1}{\sum h_e l_w} = \frac{40\times10^3}{0.7\times6\times(300+2\times250)} \approx 11.90(\text{N/mm}^2)$$

$$\sigma_{\min}\ 或\ \tau_{\min} = -\frac{P_2}{\sum h_e l_w} = -\frac{30\times10^3}{0.7\times6\times(300+2\times250)} \approx -8.93(\text{N/mm}^2)$$

$$\Delta\sigma = \sigma_{\max} - \sigma_{\min}$$

或 $\quad = 11.90 + 8.93 = 20.83(\text{MPa})$

$$\Delta\tau = \tau_{\max} - \tau_{\min}$$

(2)确定$[\Delta\sigma]$、$[\Delta\tau]$，并校核疲劳强度

板厚小于 25 mm，修正系数 γ_t 取 1.0。

根据教材附表 8-3 中项次 5 可知构件及连接类别为 Z7，查教材表 10-1 可知 $[\Delta\sigma_L]_{1\times10^8}$ 取 32 N/mm²，根据教材附表 8-6 中项次 1 可知构件及连接类别为 J1，查教材表 10-2 可知 $[\Delta\tau_L]_{1\times10^8}$ 取 16 N/mm²。

故

$$\Delta\sigma < \gamma_t [\Delta\sigma_L]_{1\times10^8} \text{ 而 } \Delta\tau > [\Delta\tau_L]_{1\times10^8}$$

不满足要求，应再根据循环次数计算疲劳强度。

循环次数 $n = 5\times10^5 < 5\times10^6$，按教材式(10-14)计算疲劳强度$[\Delta\sigma]$，按教材式(10-18)计算疲劳强度$[\Delta\tau]$。

从教材表 10-1 中查得 $C_Z=1.02\times10^{12}$、$\beta_Z=3$，从教材表 10-2 中查得 $C_J=4.1\times10^{11}$、$\beta_J=3$，则

$$[\Delta\sigma] = \left(\frac{C_Z}{n}\right)^{1/\beta_Z} = \left(\frac{1.02\times10^{12}}{5\times10^5}\right)^{1/3} \approx 126.83(\text{N/mm}^2)$$

$$[\Delta\tau] = \left(\frac{C_J}{n}\right)^{1/\beta_J} = \left(\frac{4.1\times10^{11}}{5\times10^5}\right)^{1/3} \approx 93.60(\text{N/mm}^2)$$

$\Delta\sigma < \gamma_t[\Delta\sigma]$ 且 $\Delta\tau < [\Delta\tau]$，疲劳强度满足要求。

10-3　图 10-17 所示为一钢板与工字形柱的角焊缝 T 形连接，$h_f=8$ mm。钢板与一拉杆相连，拉杆受轴力。设钢板高度为 $2a=400$ mm，钢材为 Q235B 钢。采用焊接连接承受静力荷载设计值 $N=500$ kN(拉力)，动力荷载 $P_1=250$ kN(拉力)，$P_2=150$ kN(压力)，设循环次数 $n=5\times10^5$，试验算此连接是否安全。

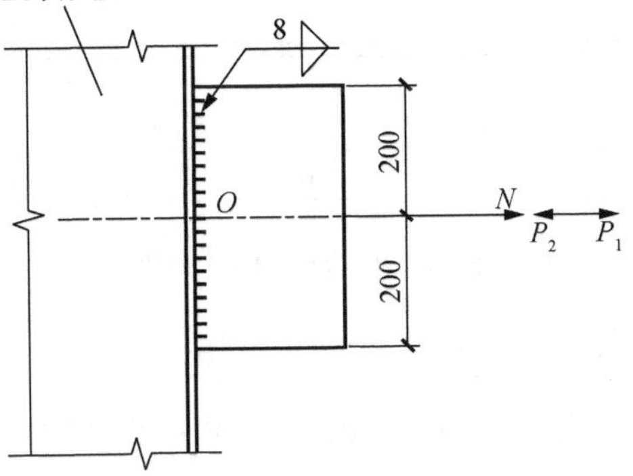

图 10-17　习题 10-3 附图

解：(1)静力强度计算

$$\sigma = \frac{N}{\sum h_e l_w} = \frac{500\times10^3}{2\times0.7\times8\times(400-2\times8)} \approx 116.26(\text{N/mm}^2) < f_f^w = 160(\text{N/mm}^2)$$

满足要求。

(2)计算截面危险点(截面最外边缘点)的应力幅

$$\sigma_{min} = -\frac{P_2}{\sum h_e l_w} = -\frac{150\times10^3}{2\times0.7\times8\times(400-2\times8)} \approx -34.88(\text{N/mm}^2)$$

$$\sigma_{max} = \frac{P_1}{\sum h_e l_w} = \frac{250 \times 10^3}{2 \times 0.7 \times 8 \times (400 - 2 \times 8)} \approx 58.13(\text{N/mm}^2)$$

$$\Delta\sigma = \sigma_{max} - \sigma_{min} = 58.13 + 34.88 = 93.01(\text{N/mm}^2)$$

(3)确定$[\Delta\sigma]$，并校核疲劳强度

板厚小于 25 mm，修正系数 γ_t 取 1.0。

根据教材附表 8-3 中项次 8 可知构件及连接类别为 Z8，查教材表 10-1 可知 $[\Delta\sigma_L]_{1\times10^8}$ 取 29 N/mm^2，故

$$\Delta\sigma = 93.01\ \text{N/mm}^2 > \gamma_t\,[\Delta\sigma_L]_{1\times10^8} = 29\ \text{N/mm}^2$$

不满足要求，应再根据循环次数计算疲劳强度。

循环次数 $n = 5 \times 10^5 < 5 \times 10^6$，按教材式(10-14)计算疲劳强度$[\Delta\sigma]$。

从教材表 10-1 中查得 $C_Z=0.72\times10^{12}$、$\beta_Z=3$，则

$$[\Delta\sigma] = \left(\frac{C_Z}{n}\right)^{1/\beta_Z} = \left(\frac{0.72 \times 10^{12}}{5 \times 10^5}\right)^{1/3} \approx 112.92(\text{N/mm}^2)$$

$\Delta\sigma < \gamma_t[\Delta\sigma]$，疲劳强度满足要求。

10-4　图 10-18 所示为一焊接 H 型钢简支梁，跨度 6 m，跨中位置施加一集中动力荷载，动力荷载 P_1=250 kN(向上)，P_2=150 kN(向下)。钢梁截面为 H600×300×10×16，钢材为 Q235B，钢梁翼缘和腹板间采用双面角焊缝连接。设循环次数 $n=5\times10^5$，试求焊脚尺寸 h_f。

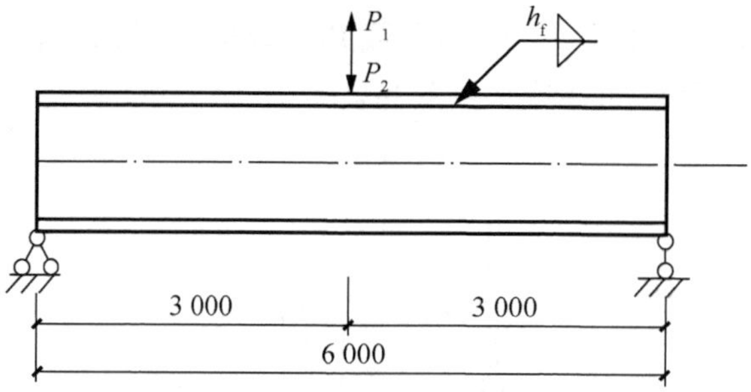

图 10-18　习题 10-4 附图

解：(1)计算截面焊缝处的应力幅

$$I_x = \frac{1}{12} \times 300 \times 600^3 - \frac{1}{12} \times (300 - 10) \times (600 - 2 \times 16)^3 = 971\ 447\ 893(\text{mm}^4)$$

$$S = 300 \times 16 \times (300 - 8) = 1\ 401\ 600(\text{mm}^3)$$

$$V_1 = P_1/2 = 125(\text{kN}),\ V_2 = P_2/2 = 75(\text{kN})$$

$$\tau_{min} = -\frac{V_2 S}{2I_x h_e} = -\frac{75 \times 10^3 \times 1\ 401\ 600}{2 \times 971\ 447\ 893 \times 0.7 \times h_f} \approx -\frac{77.293}{h_f}(\text{N/mm}^2)$$

$$\tau_{max} = \frac{V_1 S}{2I_x h_e} = \frac{125 \times 10^3 \times 1\ 401\ 600}{2 \times 971\ 447\ 893 \times 0.7 \times h_f} \approx \frac{128.821}{h_f}(\text{N/mm}^2)$$

$$\Delta\tau = \tau_{max} - \tau_{min} = \frac{128.821}{h_f} + \frac{77.293}{h_f} = \frac{206.114}{h_f}(\text{N/mm}^2)$$

(2)确定[$\Delta\tau$]，并校核疲劳强度

根据教材附表 8-6 中项次 1 得构件及连接类别为 J1，查表 10-2 可得，$C_J=4.1\times10^{11}$、$\beta_J=3$。

$$[\Delta\tau]=\left(\frac{C_J}{n}\right)^{1/\beta_J}=\left(\frac{4.1\times10^{11}}{5\times10^5}\right)^{1/3}\approx 93.60(\mathrm{N/mm^2})$$

$$\Delta\tau<[\Delta\tau]=93.6\ \mathrm{N/mm^2}$$

即 $\frac{206.114}{h_f}<93.6\ \mathrm{N/mm^2}$，得 $h_f>2.20$ mm，按构造要求取 $h_f=6$ mm。

第 11 章　钢结构防护

一、思考题

11-1　钢结构防腐蚀的方法有哪些?

答：钢结构防腐蚀的方法主要有：

①涂层法，在钢结构表面涂(喷)油漆等非金属防腐蚀涂料。

②镀层法，采用各种工艺形成锌、铝等金属保护层，如利用电镀或热浸镀锌等方法进行表面处理。

③阴极保护法，在钢结构表面增设活泼金属作为电化学腐蚀过程中的阳极，以达到牺牲阳极保护阴极的效果，常用于水下或地下钢结构。

④使用耐候钢，改变钢材的组织结构，在冶炼过程中加入铜、铬和镍等合金元素以提高钢材本身抗腐蚀的能力。

11-2　钢结构工程的防腐蚀设计原则有哪些?

答：钢结构防腐蚀设计应遵循以下原则：

①钢结构设计应遵循安全可靠、经济合理的原则。

②钢结构防腐蚀设计应根据建筑物的重要性、环境腐蚀条件、施工和维修条件等要求合理确定防腐蚀设计年限。

③防腐蚀设计应考虑环保节能的要求。

④钢结构除必须采取防腐蚀措施外，还应尽量避免加速腐蚀的不良设计。

⑤防腐蚀设计中应考虑钢结构全寿命期内的检查、维护和大修。

11-3　钢结构工程的防腐蚀设计有哪些构造要求?

答：钢结构防腐蚀设计主要有以下构造要求：

①当采用型钢组合的杆件时，型钢间的空隙宽度宜满足防护层施工、检查和维修的要求。

②不同金属材料接触会加速腐蚀时，应在接触部位采用隔离措施。

③焊条、螺栓、垫圈、节点板等连接构件的耐腐蚀性能，不应低于主材材料。螺栓直径不应小于 12 mm。垫圈不应采用弹簧垫圈。螺栓、螺母和垫圈应采用镀锌等方法进行防护，安装后再采用与主体结构相同的防腐蚀方案。

④设计使用年限大于或等于 25 年的建筑物，对不易维修的结构应加强防护。

⑤避免出现难以检查、清理和涂漆之处，以及能积留湿气和大量灰尘的死角或凹槽。闭口截面构件应沿全长和端部焊接封闭。

⑥柱脚在地面以下的部分应采用强度等级较低的混凝土包裹(保护层厚度不应小50 mm)，包裹的混凝土高出室外地面不应小于150 mm，室内地面不宜小于50 mm，并宜采取措施防止水分残留。当柱脚底面在地面以上时，柱脚底面高出室外地面不应小于100 mm，室内地面不宜小于50 mm。

11-4　简述钢材表面的锈蚀等级及除锈等级。

答：钢材表面的锈蚀等级及除锈等级规定如下：

①锈蚀等级：《涂覆涂料前钢材表面处理　表面清洁度的目视评定　第1部分：未涂覆过的钢材表面和全面清除原有涂层后的钢材表面的锈蚀等级和处理等级》(GB/T 8923.1—2011)将钢材表面分成A、B、C、D四个锈蚀等级。

A级是指大面积覆盖着氧化皮，几乎没有铁锈的钢材表面。

B级是已经发生锈蚀，并且有部分氧化皮开始剥落的钢材表面。

C级是氧化皮因锈蚀而剥落，或者可以刮除，并且在正常视力观察下可见轻微点蚀的钢材。

D级是氧化皮已经因为锈蚀而剥落，并且在正常视力观察下可见普遍发生点蚀的钢材表面。

②除锈等级：《涂覆涂料前钢材表面处理　表面清洁度的目视评定　第1部分：未涂覆过的钢材表面和全面清除原有涂层后的钢材表面的锈蚀等级和处理等级》(GB/T 8923.1—2011)将钢结构表面的除锈分为喷射清理、手工和动力工具清理以及火焰清理三种类型。

喷射清理用字母“Sa”表示，分为Sa1、Sa2、Sa2½和Sa3四个等级，分别表示对钢材表面进行轻度的喷射清理、彻底的喷射清理、非常彻底的喷射清理以及使钢材表观洁净的喷射清理。

手工除锈和动力工具除锈用字母“St”表示，分为St2和St3两个等级。St2是彻底的手工和动力工具清理，表面应无可见的油、脂和污物，并且应无附着不牢的氧化皮、铁锈、涂层和外来杂质；St3是比St2更为彻底的手工和动力工具清理，钢材显露部分的表面应具有金属光泽。

火焰除锈仅有一个等级，用字母“F1”表示，是用火焰进行烘烤或加热，并配合使用动力钢丝刷清理掉加热后附着在钢材表面的残剩物。火焰除锈后，钢材表面应无氧化皮、铁锈、涂层和外来杂质，任何残留的痕迹应仅为表面变色。

11-5　常用的钢材表面除锈方法有哪些?

答：钢材表面常用的除锈方法有手工处理、机械处理。其中，手工处理包括钢丝刷除锈、砂纸或电动砂轮除锈等，机械处理包括喷砂除锈、抛丸除锈等。

11-6　钢结构防腐涂料的施工常用的方法有哪些?

答：钢结构防腐涂料常用的施工方法：

①刷涂法，适用于渗透性大、干燥较慢的油性基料刷涂，对空隙宽度的要求最小，故形状复杂的构件使用刷涂法比较方便。但该方法劳动强度大，生产效率低，在大型工程项目中已由喷涂法代替。

②辊涂法，适用于涂覆大平面的情况，但是漆膜的厚度不易控制，且由于渗透性不佳，在漆膜中或钢材表面易截留空气，故不适用于第一道涂料的施工，可涂刷大多数有装饰性的面漆。

③喷涂法，其效率高，施工方便，适应性强，适用于大面积施工，对于快干和挥发性强的涂料尤为适合。但喷涂法的涂料损耗比刷涂法大，对环境也有一定的污染。

11-7　简述火灾对钢结构产生的危害。

答：火灾热量以热辐射、热对流、热传导的方式输入结构，其对钢结构产生的危害主要体现在以下几个方面：

①钢材的屈服强度随温度的升高而降低，当温度高于 200 ℃时，极限强度也随温度的升高而降低，导致火灾下结构的承载能力下降。

②火灾下，当温度高于 250 ℃时，钢材出现“塑性流动”；当温度升高至 300 ℃后，不再出现明显的屈服极限和屈服平台，结构刚度下降。

③火灾在空间上产生不均匀的温度场，结构在此不均匀温度场下产生不均匀的热膨胀，从而导致结构内部产生附加应力，且由于“相位变换”现象的存在，该附加应力趋于复杂。

④火灾可能造成钢结构的局部破坏甚至整体倒塌。

11-8　建筑火灾的火灾升温曲线是什么？为何定义升温曲线？

答：火灾升温曲线是指在某一火灾类型下，描述建筑室内空间温度变化规律的曲线。定义火灾升温曲线的原因在于，实际火灾升温曲线具有多样性，为了使试件抗火性能可以进行横向比较，试验需采用统一的升温条件，为此许多国家与组织都制定了相关的标准，供抗火试验和抗火设计使用。

11-9　建筑耐火等级和耐火极限分别是什么？

答：建筑耐火等级是衡量建筑物耐火程度的分级标度。它由组成建筑物的构件的燃烧性能和耐火极限来确定，受建筑物构件的材料和构件的构造做法影响。耐火极限指在标准耐火试验条件下，建筑构件、配件或结构从受到火的作用时起，至失去承载能力、完整性或隔热性时为止所用时间，用 h 表示。

11-10　简述高温下钢的物理特性和力学性能。

答：高温工况下钢的物理特性和力学性能产生较大变化，主要变化如下：

(1)高温下的物理特性

①热膨胀系数：在 0～700 ℃，钢的平均热膨胀系数与温度正相关；随着温度进一步上升，达到 800 ℃左右时，两者呈负相关；直至 900 ℃后，两者再次呈正相关。该现象称为“相位变换”。

②比热容：钢材的比热容与温度呈正相关，但在 725 ℃左右时，钢材内部颗粒成分与结构发生变化，比热容迅速增大之后又迅速回落。

③导热系数：钢材的导热系数很大，与温度呈负相关，但温度达到 750 ℃后，钢材的导热系数维持稳定。

④密度：钢的密度随温度的变化很小，一般忽略不计。

(2)高温下的力学性能

①强度：试验表明，钢的屈服强度随温度的升高而降低，600 ℃时的屈服强度仅为常

温下的 20.8%。钢的极限强度随温度的升高先升后降，200 ℃出现"蓝脆"现象时，极限强度最高，超过 200 ℃后极限强度降低，600 ℃时最低，仅为常温下的 23.4%。

②应力-应变关系：钢材在高温下的应力-应变关系试验分为恒载升温和恒温加载两种方式。试验表明：当温度高于 250 ℃时，钢材会出现"塑性流动"；当温度升高至 300 ℃后，无明显的屈服极限和屈服平台。

③蠕变特性：主要分为三个阶段，应变速率随着时间的增加分别发生减小、平稳、增大的变化。在温度相同的条件下：若应力较大，则第二阶段蠕变几乎消失；若应力较小，则第二阶段蠕变会持续较长时间。在应力相同的条件下，第二阶段蠕变的持续时间与温度呈负相关。火灾的持续时间较短，所以火灾中钢结构的蠕变一般以第一阶段蠕变为主。

④松弛特性：松弛是在一定的温度下，一个受拉或者受压的金属构件，若使用过程中总变形保持不变，则应力会自发下降的现象。典型的松弛曲线一般可分为两个阶段，对于火灾中的松弛问题，第一阶段起主导作用，一般考虑第一阶段松弛即可。高温下金属材料松弛起因于蠕变现象，因此，蠕变的变形理论也适用于松弛问题。

⑤弹性模量：高温下钢材的弹性模量应按相关标准的规定考虑折减系数。

11-11　高温下钢结构的防火隔热方法有哪些?

答：高温下钢结构的防火隔热主要有以下五种方法：

①水冷冷却法，通过水循环系统将钢构件中的热量带走，降低构件温度。

②单面屏蔽法，在钢构件的迎火面设置阻火屏障，将构件与火焰隔开。

③浇筑混凝土或砌筑耐火砖，采用混凝土或耐火砖完全封闭钢构件。

④采用耐火轻质板材作为防火外包层，如采用纤维增强水泥板(TK 板、FC 板)、石膏板、硅酸钙板、蛭石板包覆钢构件。

⑤涂抹防火涂料，将防火涂料涂覆于钢材表面。

二、习题

11-1　构件基本情况：有一工字形截面简支梁，跨度为 6 m，无侧向支撑，钢号 Q235；其单位长度表面积 $A=1.193\ \mathrm{m^2}$，体积 $V=9.864\times10^{-3}\ \mathrm{m^3}$，火灾下梁的受热面积为其表面积的 0.8，即 $F_i=1.193\times0.8=0.954\ \mathrm{m^2}$。梁上作用有沿强轴方向的集中力 $F=25$ kN，绕强轴截面惯性矩 $W=962.0\ \mathrm{cm^3}$，常温下钢梁的整体稳定性系数 $\varphi_b=0.60$，防火保护层材料的热传导系数 $\lambda_i=0.093$ W/(m·℃)，耐火时间要求 $t=2$ h，求防火保护层的厚度 d_i。

解：(1)计算临界温度 T_d

由《建筑钢结构防火技术规范》(GB 51249—2017)7.2.3 小节可得

$$R=\frac{M}{\gamma W_n f}=\frac{1}{2}\times\frac{25\times6\times10^6}{1.05\times962.0\times10^3\times215}\approx0.345$$

$$R'=\frac{M}{\varphi_b' W f}=\frac{1}{2}\times\frac{25\times6\times10^6}{0.60\times962.0\times10^3\times215}\approx0.604$$

查《建筑钢结构防火技术规范》(GB 51249—2017)表 7.2.1 和表 7.2.3 并通过插值法可求得

$$T_d'=643.2\ ℃,T_d''=556.8\ ℃$$

$$T_d = \min\{T'_d, T''_d\} = 556.8\ ℃$$

(2)计算防火涂料的厚度 d_i

$$d_i = \frac{5\times10^{-5}\times\lambda_i}{\left(\frac{T_s - T_{s0}}{t}+0.2\right)^2-0.044}\cdot\frac{F_i}{V}$$

$$= \frac{5\times10^{-5}\times0.093}{\left(\frac{556.8-20}{2.0\times3\ 600}+0.2\right)^2-0.044}\times\frac{0.954}{9.864\times10^{-3}}$$

$$= 0.014\ 3(\text{m})$$

11-2　分别利用临界温度法和高温承载力法，验算上题中的钢梁在 F=30 kN，t=2.5 h，d_i=0.02 m 的情况下是否满足抗火要求。

解：(1)临界温度法

①计算临界温度 T_d：

$$R = \frac{M}{\gamma W_{nf}} = \frac{1}{2}\times\frac{30\times6\times10^6}{1.05\times962.0\times10^3\times215}\approx0.414$$

$$R' = \frac{M}{\varphi'_b Wf} = \frac{1}{2}\times\frac{30\times6\times10^6}{0.60\times962.0\times10^3\times215}\approx0.725$$

查《建筑钢结构防火技术规范》(GB 51249—2017)表 7.2.1 和表 7.2.3 并通过插值法可求得

$$T'_d = 615.4\ ℃, T''_d = 496.5\ ℃$$

$$T_d = \min\{T'_d, T''_d\} = 496.5\ ℃$$

②计算钢梁受火 t=2.5 h 时刻的温度 T_s：

$$B = \frac{\lambda_i}{d_i}\cdot\frac{F_i}{V} = \frac{0.093}{0.020}\times\frac{0.954}{9.864\times10^{-3}}\approx449.7[\text{W}/(\text{m}^{-3}\cdot ℃)]$$

$$T_s = (\sqrt{0.044+5\times10^{-5}\times B}-0.2)t + T_g(0)$$

$$= (\sqrt{0.044+5\times10^{-5}\times449.7}-0.2)\times2.5\times3\ 600+20$$

$$\approx 540.6(℃)$$

故有

$$T_s > T_d$$

不满足抗火要求。

(2)高温极限承载力验算

①计算临界温度 T_d：

由(1)可知

$$T_d = 496.5\ ℃$$

②计算钢梁温度 T_s 时的承载力：

在温度 T_s时的强度降低系数为

$$\eta_{ST} = \frac{f_{yT}}{f_y} = 1.24\times10^{-8}T_s^3 - 2.096\times10^{-5}T_s^2 + 9.228\times10^{-3}T_s - 0.216\ 8$$

$$= 1.24\times10^{-8}\times496.5^3 - 2.096\times10^{-5}\times496.5^2 + 9.228\times10^{-3}\times496.5 - 0.216\ 8$$

$$\approx 0.716$$

由《建筑钢结构防火技术规范》(GB 51249—2017)表 7.1.4 可知：

$$\alpha_b = 0.950$$

由于 $\alpha_b\varphi_b = 0.950 \times 0.60 = 0.570 < 0.6$，所以高温下的整体稳定性系数为

$$\varphi'_{bT} = \alpha_b\varphi_b = 0.570$$

则钢梁在温度 T_s 时的稳定承载力为

$$M'_{crT} = \varphi'_{bT} W f_{yT} = \varphi'_{bT} W \eta_T f$$

$$= 0.570 \times 962.0 \times 10^3 \times 0.716 \times 215 \times 10^{-6} \approx 84.41(\text{kN} \cdot \text{m})$$

$$M''_{crT} = \gamma W f_{yT} = \gamma W \eta_T \gamma_R f$$

$$= 1.05 \times 962.0 \times 10^3 \times 0.716 \times 215 \times 10^{-6} \approx 155.49(\text{kN} \cdot \text{m})$$

$$M_{crT} = \min\{M'_{crT}, M''_{crT}\} = 84.41 \text{ kN} \cdot \text{m}$$

钢梁所承受的最大弯矩为

$$M = \frac{1}{2}Fl = \frac{1}{2} \times 30 \times 6 = 90(\text{kN} \cdot \text{m})$$

故有

$$M_{crT} < M$$

因此钢梁不满足抗火要求。

第二部分
钢结构设计

第 1 章　绪论

思考题

1-1　什么是工程结构？

答：工程结构是指房屋建筑和土木工程的建筑物、构筑物及其相关组成部分的总称。

1-2　什么是建筑工程？

答：建筑工程是指为新建、改建或扩建房屋建筑物和附属构筑物所进行的勘察、规划、设计、施工、安装和维护等各项技术工作和完成的工程实体。

1-3　什么是土木工程？

答：土木工程是指除房屋建筑外，为新建、改建或扩建各类工程的建筑物、构筑物和相关配套设施等所进行的勘察、规划、设计、施工、安装和维护等各项技术工作和完成的工程实体。

1-4　什么是建筑物或构筑物？

答：建筑物或构筑物是指房屋建筑或土木工程中的单项工程实体。

1-5　结构的广义含义是什么？

答：广义的结构是指房屋建筑和土木工程的建筑物、构筑物及其相关组成部分的实体。

1-6　结构的狭义含义是什么？

答：狭义的结构是指各种工程实体的承重骨架。

1-7　钢结构的含义是什么？

答：钢结构是指以钢材为主要建筑材料制成的各种工程实体的承重骨架。

1-8　常用钢结构体系和类型有哪些？

答：钢结构按高度或跨度可以分为以下几种常用类型或体系：①多层与高层钢结构；②大跨度钢结构；③门式刚架轻型房屋钢结构；④单层厂房钢结构。

按照构件截面形式或组合方式钢结构还可以分为以下类型：①冷弯型钢结构；②钢管结构；③钢-混凝土组合梁；④矩形钢管混凝土柱；⑤圆形钢管混凝土柱；⑥型钢混凝土剪力墙。

1-9　钢结构设计包括哪些内容？

答：①结构方案设计，包括结构选型、构件布置；②材料选用及截面选择；③作用及作用效应分析；④结构的极限状态验算；⑤结构、构件及连接构造；⑥制作、运输、安装、防腐和防火要求；⑦满足特殊要求结构的专门性能设计。

1-10　钢结构的选型原则有哪些?

答：①在满足建筑及工艺需求的前提下，应综合考虑结构合理性、环境条件、成本控制、材料供应、制作安装便利性等因素；②常用钢结构体系的设计应满足受力性能好等要求。

1-11　钢结构的布置原则有哪些?

答：①应具备竖向和水平荷载传递途径；②应具有刚度和承载力、结构整体稳定性和构件稳定性；③应具有冗余度，避免因部分结构或构件破坏而导致整个结构体系丧失承载能力；④隔墙、外围护等宜采用轻质材料。

1-12　钢结构的分析方法有哪些?

答：钢结构的内力和变形可采用弹性或弹塑性分析方法。内力分析也可采用一阶弹性分析、二阶 $P-\Delta$ 弹性分析或直接分析方法。

1-13　什么是钢结构的平面结构体系?

答：钢结构的平面结构体系是指具有二维受力特性并呈平面工作状态的钢结构体系。

1-14　什么是钢结构的空间结构体系?

答：钢结构的空间结构体系是指具有三维受力特性并呈空间工作状态的钢结构体系。

1-15　纯钢框架的整体变形特点是什么?

答：在水平荷载作用下，纯钢框架结构的梁和柱均以弯曲变形为主，钢框架结构各层间的相对侧移因各层的水平剪力不同自底层向上逐层减少，类似于剪切变形的悬臂杆的变形，其整体变形以剪切变形为主。

1-16　竖向支撑钢框架的整体变形特点是什么?

答：在水平荷载作用下，竖向支撑钢框架结构的梁、柱和支撑构件均以承受轴向力为主，构件的变形也以轴向变形为主。由于竖向构件的抗拉压变形的累加作用，支撑框架结构的层间侧向位移由底层向上逐层加大，类似于以弯曲变形为主的悬臂杆的变形，其整体变形以弯曲形为主。

1-17　钢框架-支撑结构的整体变形特点是什么?

答：在水平荷载作用下，钢框架-支撑结构的竖向支撑钢框架部分的整体变形以弯曲变形为主，纯钢框架部分的整体变形以剪切变形为主，两部分的变形是不协调的，但通过水平刚度很大的楼板可将整个体系的变形协调成介于弯曲和剪切变形之间的下弯上剪的变形，称为弯剪变形。

1-18　什么是结构的整体失稳破坏?

答：结构的整体失稳破坏是指结构在外荷载作用下不能维持其原有的平衡状态并丧失承载能力的现象。

1-19　什么是计算长度设计法?

答：计算长度设计法是指采用一阶分析求解结构内力，按各种荷载组合求出各杆件的最不利内力；按第一类弹性稳定问题建立结构达到临界状态时的特征方程，确定各压杆的计算长度；将各杆件隔离出来，按单独杆件的受力特点进行构件的强度和稳定承载力验算的设计方法。

1-20　什么是直接分析设计法？

答：直接分析设计法是指既考虑几何非线性，又考虑材料非线性的全过程分析设计法。由全过程分析给出的结构承载能力，将同时满足整个体系和它的组成构件的强度和稳定性要求，不需要求解单个构件的计算长度或对单个构件进行验算，而是直接对结构进行分析和设计。

1-21　结构体系的动力特性有哪些？

答：结构体系的动力特性包括自振周期、振型和阻尼三部分。

1-22　钢结构基本原理课程与钢结构设计课程有哪些不同？

答：钢结构基本原理以基本受力构件和连接节点的设计方法为主要学习内容，钢结构设计侧重于对不同钢结构类型或体系的工作性能和设计方法进行学习。

第 2 章　多层与高层钢结构

思考题

2-1　多层与高层钢结构的基本功能有哪些?

答：多层与高层建筑钢结构的基本功能是：①在重力作用下，结构水平构件(楼板或梁)不发生破坏，结构整体不发生失稳。②在侧向力作用下，结构不倾覆，结构不发生整体弯曲或剪切破坏，结构侧向变形不能过大以致影响建筑或结构的功能。

2-2　多层与高层钢结构布置时，平面和立面布置的不规则性结构类型有哪些?

答：平面不规则主要结构类型：

①扭转不规则：在规定的水平力及偶然偏心作用下，楼层两端弹性水平位移(或层间位移)的最大值与其平均值的比值大于 1.2。

②偏心布置：任一层的偏心率大于 0.15 或相邻层质心相差大于相应边长的 15%。

③凹凸不规则：结构平面凹进的一侧尺寸，大于相应投影方向总尺寸的 30%。

④楼板局部不连续：楼板的尺寸和平面刚度急剧变化，例如，有效楼板宽度小于该层楼板典型宽度的 50%，或开洞面积大于该层楼面面积的 30%，或有较大的楼层错层。

立面不规则主要结构类型：

①侧向刚度不规则：该层的侧向刚度小于相邻上一层的 70%或小于其上相邻三个楼层侧向刚度平均值的 80%；除顶层或出屋面小建筑外，局部收进的水平向尺寸大于相邻下一层的 25%。

②竖向抗侧力构件不连续：竖向抗侧力构件(柱、支撑、剪力墙)的内力由水平转换构件(梁、桁架等)向下传递。

③楼层承载力突变：抗侧力结构的层间受剪承载力小于相邻上一楼层的 80%。

2-3　多层与高层钢结构基本的抗侧力结构体系有哪些? 各有何特点?

答：①框架结构：是由梁与柱组成的结构，沿房屋的纵向和横向，均采用框架作为承重和抗侧力的主要构件。框架结构各部分刚度比较均匀，框架结构有较大延性，自振周期较长，因而对地震作用不敏感，抗震性能好。但框架结构的抗侧刚度小，侧向位移大，易引起非结构构件的破坏。

②框架-支撑结构：当框架结构达到较大高度时，其抗侧刚度较小，难以满足设计要求，或结构梁柱截面过大，失去经济合理性。为建造更高的高层建筑，在用钢量增加的同

时提高其抗侧刚度，且避免梁柱截面过大，可在部分框架柱之间设置竖向支撑，形成竖向桁架，这种框架和竖向桁架就组成了经济、有效的抗侧力结构体系，即框架-支撑结构体系。框架-支撑结构的工作特点是框架与支撑协同工作，竖向支撑桁架起剪力墙的作用。单独受水平荷载作用时，变形以弯曲变形为主。在框架-支撑结构中，竖向支撑桁架承担了结构下部的大部分水平剪力。罕遇地震中若支撑系统被破坏，还可以通过内力重分布，由框架承担水平力，形成两道抗震设防。

③筒体结构：框筒结构建筑平面的外圈由密柱和深梁组成的框架围成封闭式筒体。框筒结构的平面形状应为方形、矩形、圆形或多边形等规则平面。框架柱的截面可采用箱形截面或焊接 H 型钢截面，框架梁的截面高度可按窗台高度构成截面高度很大的窗裙梁。外围框筒的梁与柱采用刚接连接，形成刚接框架，框筒是框筒结构主要的抗侧力构件。筒中筒结构由两个以上的同心框筒所组成。相对于框筒结构，筒中筒结构在结构布置方面的不同点，就是利用楼面中心部位服务性面积(如电梯井)的可封闭性，将该部位的承重框架换成由密柱深梁所组成的内框筒。束筒结构是由两个以上框筒并列组合连成一体而形成的框筒束，其内部为承重框架。

④巨型结构：巨型框架结构的主框架由柱距较大的矩形空间桁架柱和空间桁架梁组成，而空间桁架梁或柱又由四片平面桁架组成。在主框架内设置普通框架(次框架)就构成了巨型框架结构体系。巨型支撑结构是在外框筒或框架结构的四个外立面设置巨型支撑而形成的一种结构体系。

2-4　什么是框架结构的 $P-\Delta$ 效应？

答：由于框架在水平荷载作用下容易产生较大的水平位移，会导致竖向荷载对结构产生附加内力，使结构的水平位移进一步增加，从而降低结构的承载力和整体稳定性，这种现象称为 $P-\Delta$ 效应。

2-5　多层和高层钢结构在不同荷载下的变形验算要求有哪些？

答：(1)重力荷载作用下构件容许挠度

为保证楼盖有较好的整体刚度和使用性能，要求在重力荷载作用下楼盖主梁和次梁的挠度不大于下列容许挠度：主梁 $L/400$；次梁 $L/250$(其中 L 为梁的跨度)。

(2)风载作用下结构的侧移限值

①对于纯钢结构，最大层间侧移不宜超过楼层高度的 1/250。

②对于钢-混凝土组合结构：当结构高度不大于 150 m 时，最大层间侧移不宜大于楼层高度的 1/800；当结构高度大于 250 m 时，最大层间侧移不宜大于楼层高度的 1/500；当结构高度为 150～250 m 时，最大层间位移限值按楼层高度的 1/800～1/500 的线性插值取。

③在保证主体结构不开裂和装修材料不出现较大破坏的情况下，最大层间位移限值可适当放宽。

④结构顶点平面端部侧移不得超过顶点质心侧移的 1.2 倍。

(3)地震作用下结构的侧移限值

为满足“小震不坏，大震不倒”的抗震要求，应分别进行多遇地震与罕遇地震作用下的结构侧移验算。

多遇地震结构。侧移限值：

①对于纯钢结构，最大层间侧移不得超过楼层高度的1/250。

②对于钢-混凝土组合结构：当结构高度不大于150 m时，最大层间位移不宜大于楼层高度的1/800；当结构高度大于250 m时，最大层间侧移不宜大于数层高度的1/500；当结构高度为150～250 m时，最大层间位移限值可按楼层高度的1/800～1/500的线性插值取。

③在保证主体结构不开裂和装修材料不出现较大破坏的情况下，最大层间位移限值可适当放宽。

④结构顶点平面端部侧移不得超过顶点质心侧移的1.3倍。

罕遇地震结构侧移限值：

①对于纯钢结构，最大层间侧移不得超过楼层高度的1/50。

②对于钢-混凝土组合结构，最大层间侧移不得超过层高的1/100。

《建筑抗震设计规范》(2016年版)(GB 50011—2010)规定，下列结构应进行弹塑性变形验算：

①高度大于150 m的结构。

②甲类建筑和9度时乙类建筑中的钢筋混凝土结构和钢结构。

③采用隔震和消能减震设计的结构。

下列结构宜进行弹塑性变形验算：

①如教材表2-13所列的高度范围且属于教材表2-8所列竖向不规则类型的高层建筑结构。

②7度Ⅲ、Ⅳ类场地和8度时乙类建筑中的钢筋混凝土结构与钢结构。

③高度不大于150 m的其他高层钢结构。

2-6 高层结构抗震设计中为何要求强柱弱梁?

答：高层框架结构抗震设计上要求强柱弱梁，是为了在地震荷载作用下，使框架具有较大的内力重分布和能量耗散的能力，从而在设计中使框架梁成为相对较弱的的构件，以增大框架柱的安全性、保证结构的延性、提高结构的变形能力，防止在强烈地震作用下倒塌。

2-7 框架-支撑结构体系中，中心支撑和偏心支撑的主要区别是什么？各有何受力特点?

答：采用中心支撑或偏心支撑的框架-支撑结构可分别称为中心支撑框架结构或偏心支撑框架结构。中心支撑是指支撑斜杆轴线与框架梁柱轴线交会于一点，或两根支撑斜杆与框架梁轴线交会于一点或与柱子轴线交会于一点的支撑形式。交会时均无偏心距。中心支撑框架具有良好的刚度和承载力，但能量耗散性能较差。

偏心支撑框架结构是介于中心支撑框架结构和纯框架结构之间的一种抗震结构形式。在偏心支撑框架结构中，支撑至少有一端不在梁柱节点处与梁相交，从而在梁上形成容易产生剪切屈服的耗能梁段。采用偏心支撑改变了支撑斜杆与耗能梁段的先后屈服顺序，即在罕遇地震时，一方面通过耗能梁段的非弹性变形进行耗能，另一方面使耗能梁段的剪切屈服在先，从而保护支撑斜杆不屈曲或屈曲在后。

2-8 偏心支撑钢框架设计时，应如何考虑耗能梁段?

答：偏心支撑框架的支撑设置，应该使得支撑与柱或者支撑与支撑之间构成耗能梁段，因此每根支撑至少有一端与耗能梁段连接。偏心支撑设计的作用，是使耗能梁段进入塑性状态，而其他构件仍处于弹性状态。设计良好的偏心支撑框架，除柱脚有可能出现塑性铰外，其他塑性铰均出现在梁段上，在地震作用足够大时，能够发挥耗能梁段的非弹性受剪性能，保证耗能梁段屈服时支撑不屈曲。能否实现这一意图，取决于支撑的承载力和耗能梁段的承载力之间的关系如何。因此，《高层民用建筑钢结构技术规程》(JGJ 99—2015)规定了偏心支撑的轴向承载力、耗能梁段的受剪承载力和受弯承载力的要求。

耗能梁段的屈服强度越高，屈服后的延性越差，耗能能力越小。为使耗能梁段具有良好的延性及耗能能力，要求钢材屈服强度不应大于 355 MPa。

对耗能梁段的板件宽厚比的要求比对一般框架梁的要求略严格一些，耗能梁段及其所在跨的框架梁的板件宽厚比不应大于教材表 2-20 规定的限值。

2-9　剪力滞后对框筒结构受力有何影响？如何加以改善？

答：剪力滞后效应使框筒结构的角柱承受比中柱更大的轴力，并且框筒结构的侧向挠度呈现明显的弯剪型变形。

一般来讲，框筒结构的剪力滞后效应越明显，对筒体效能的影响越严重。影响框筒结构剪力滞后效应的主要因素是梁与柱的线刚度比和结构平面的长宽比。当平面形状一定时，梁柱线刚度比越小，剪力滞后效应越严重，表明框筒结构的整体性越差。结构的平面形状对框筒结构的空间刚度影响很大，正方形、圆形和正三角形等结构平面形式，能较充分地利用框筒结构的空间作用。矩形结构平面的长宽比对剪力滞后效应有很大的影响，长宽比越大，剪力滞后效应越大，则框筒结构的整体性越差。因此，矩形平面框筒结构的长宽比不宜大于 1.5，否则长边中间部分的柱子不能发挥作用。

第3章　大跨房屋钢结构

思考题

3-1　平面和空间大跨度结构受力各有什么特点？

答：平面大跨度结构体系是指具有明显的平面形状且在荷载作用下主要呈平面受力状态的结构体系，如桁架、拱、门式刚架等。在平面结构体系中，各平面结构由一些强度不大的纵向构件连接起来，如檩条或大型屋面板等。作用于屋面上的各类荷载经过这些屋面构件层层传递到主要承重构件上。此类结构体系可简化为平面模型进行计算。空间大跨度结构体系中，整体结构呈三维受力状态，各方向的构件在屋面荷载作用下共同受力，无法简化为平面结构进行计算。相比较而言，空间结构体系不但经济性好，而且整体刚度大，抗震性能也很好。

3-2　张弦梁与索桁架结构在受力上有什么相似点与不同点？

答：张弦结构是由上弦刚性结构与下弦拉索以及上下弦之间的撑杆组成的结构体系，是一种自平衡结构。索桁架是由在同一平面内两根曲率相反的索以及两索之间的撑杆组成的结构体系。与张弦结构不同，索桁架不是一种自平衡结构，其两条拉索两端的反力需要通过支座或其他结构构件来平衡。

3-3　简述悬索结构中支座反力的平衡措施。

答：悬索结构一般可以采用闭合圈梁、直线梁、拱等刚性构件或者采用边索加地锚等柔性构件来平衡索的水平拉力，以减少其过大的支座反力给基础设计带来的难度。

3-4　简述大跨房屋钢结构节点及支座形式的特点。

答：大跨房屋钢结构主要节点形式有螺栓球节点、焊接空心球节点、相贯节点等形式。支座形式按照支座受力情况分为压力支座节点和拉力支座节点，其中，前者可细分为平板压力支座节点、单面弧形压力支座节点、双面弧形压力支座节点、球铰压力支座节点、板式橡胶支座节点等，后者包括平板拉力支座节点和单面弧形拉力支座节点。平板拉力支座节点的构造与平板压力支座节点的构造相同，但此时锚栓承受拉力。

第4章　门式刚架轻型房屋钢结构

思考题

4-1　门式刚架轻型房屋钢结构由哪些构件组成？它们各有什么作用？

答：门式钢架由刚架斜梁、刚架柱、支撑、檩条、系杆、抗风柱、隅撑等构件组成。

刚架斜梁的作用：作为主要的承重构件之一，刚架斜梁负责承受竖向荷载及水平荷载，是影响结构稳定性的关键部分。

刚架柱的作用：作为主要的承重构件，刚架柱与刚架斜梁共同支撑整个结构的重量，并传递荷载至基础。

支撑的作用：传递水平力，增加结构的整体性，与刚架一起构成几何不变体系，确保结构的稳定性和安全性。

檩条的作用：支撑屋面覆盖材料(如屋面板)，并分散和传递屋面荷载至刚架柱和刚架斜梁。

系杆的作用：传递纵向水平力，增强结构的纵向稳定性。

抗风柱的作用：抵抗风荷载，将山墙风荷载传递到刚架及基础。

隅撑的作用：连接檩条与刚架的主要构件，它能有效减小刚架平面外的长度，提高刚架平面外的稳定性，保证结构在风荷载或其他外力作用下的安全性。

4-2　门式刚架轻型房屋钢结构的柱网及变形缝如何布置？

答：

柱网布置：首先，柱网布置应满足生产工艺要求。其次，保证结构设计经济合理，提高设计标准化、生产工厂化及施工机械化的水平。

变形缝布置：门式刚架轻型房屋钢结构的纵向温度区段长度不大于 300 m，横向温度区段长度不大于 150 m。当有可靠依据时，温度区段长度可适当加大。当需要设置伸缩缝时，可在搭接檩条的螺栓连接处采用长圆孔并使该处屋面板在构造上允许胀缩，也可设置双柱。

4-3　门式刚架轻型房屋钢结构中要求设置哪些支撑？它们各起什么作用？

答：

屋盖水平支撑：屋盖水平支撑主要用于传递水平荷载，将水平力从屋盖系统传递至柱间支撑，进而传递至基础。它有助于增强结构的整体稳定性，调整结构刚度，使结构受力均匀、合理。

柱间支撑：柱间支撑是门式刚架钢结构中的重要组成部分，它设置在柱列之间，主要起到抵抗纵向水平荷载的作用。柱间支撑的设置能够增强结构的纵向稳定性，减小柱子的侧向位移，保证结构在风荷载、地震荷载等作用下的稳定性和安全性。

隅撑：隅撑通常设置在刚架斜梁下翼缘与檩条之间或刚架边柱内翼缘与墙梁之间，对刚架斜梁和刚架边柱的稳定起支撑作用。隅撑的作用是防止斜梁在下翼受压时出现侧向失稳，同时能有效减小钢架平面外的长度，提高钢架平面外的稳定性。

4-4　如何确定门式刚架轻型房屋钢结构的计算单元及计算简图？

答：(1)计算单元的确定

计算单元应基于结构的实际情况和设计要求进行选择，通常需要考虑以下几个方面：

①结构形式与跨度：门式刚架轻型房屋钢结构的形式多种多样，包括单跨、双跨、多跨等。跨度的不同会影响计算单元的划分。一般来说，每跨或每榀刚架可以作为一个独立的计算单元。

②荷载分布与传递：荷载的分布和传递路径是确定计算单元的关键因素。需要分析竖向荷载(如结构自重、雪荷载、积灰荷载等)和水平荷载(如风荷载、吊车刹车力等)在结构中的传递路径，以及地震荷载的影响。

③构件连接与约束条件：构件之间的连接方式和约束条件对计算单元的选择有重要影响。需要考虑柱脚与基础的连接、梁柱节点的连接形式(铰接或刚接)等。

④实际工况与设计要求：根据实际工况(如使用功能、环境条件等)和设计要求(如强度、刚度、稳定性等)合理划分计算单元。

(2)计算简图的确定

确定计算简图的一般步骤：

①明确结构形式与尺寸：明确结构的几何尺寸(如跨度、高度、柱距等)和构件截面尺寸。

②分析荷载与约束：分析结构所承受的各种荷载(包括永久荷载和可变荷载)及其分布情况；确定结构的约束条件，包括支座约束和节点约束。

③简化结构模型：在保证计算精度的前提下，对结构进行必要的简化，如忽略次要构件、将复杂节点简化为理想节点等。

④根据简化后的结构模型，绘制计算简图。计算简图应清晰反映结构的受力体系、荷载传递路径和约束条件。

计算简图的一般数值取值方法：

①门式刚架的跨度，应取横向刚架柱轴线间的距离。

②门式刚架的高度，应取地坪至柱轴线与斜梁轴线交点的高度。门式刚架的高度，应根据使用要求的室内净高度要求而定，设有吊车的厂房则应根据轨顶标高和吊车净高要求而定。

③柱的轴线可取通过柱下端(较小端)中心的竖向直线；工业建筑边柱的定位轴线宜取柱外皮；斜梁的轴线可取通过变截面梁段最小端中心与斜梁上表面平行的轴线。

4-5　设计门式刚架轻型房屋钢结构时，应考虑哪些荷载？如何计算？

答：(1)永久荷载

刚架承受的永久荷载包括屋面板、檩条、支撑、刚架、墙架等结构自重及吊顶、管线、天窗、风帽、门窗等悬挂或建筑设施荷重。

计算方法：根据构件的材质、尺寸和重量进行计算，或者参考相关规范中的标准值。

(2)可变荷载

刚架承受的可变荷载包括屋面活荷载、风荷载及吊车荷载等。

①屋面活荷载：(a)屋面均布活荷载。不上人屋面的均布活荷载的标准值取 0.5 kN/m²。上人屋面的均布活荷载的标准值取 2.0 kN/m²。当采用压型钢板轻型屋面时，屋面竖向均布活荷载的标准值(按水平投影面积计算)应取 0.5 kN/m²。对受荷水平投影面积大于 60 m²的刚架构件，屋面竖向均布活荷载的标准值可取不小于 0.3 kN/m²。设计屋面板和檩条时，还应考虑施工及检修集中荷载，其标准值应取 1.0 kN 且作用在结构最不利位置上；当施工荷载有可能超过 1.0 kN 时，应按实际情况采用。(b)屋面雪荷载：门式刚架屋盖较轻，属于对雪荷载敏感的结构。雪荷载经常是控制荷载，计算时应采用 100 年重现期的基本雪压。考虑到建筑地区和屋面形式的不同，屋面水平投影面上的雪荷载的标准值按下式计算：$s_k = \mu_r s_0$ 。(c)屋面积灰荷载：对于生产中有大量排灰的厂房(如机械、冶金、水泥厂房等)及其邻近建筑物，应考虑其屋面积灰荷载，按照厂房使用性质及屋面形式的不同，由《建筑结构荷载规范》(GB 50009—2012)可查得相应的标准值。

②风荷载：当气流作用于厂房时，便会在厂房的迎风面产生正压区(风压力)，而在厂房背风面产生负压区(风吸力)，这种风压力和风吸力称为风荷载。其值与建筑物所在地区基本风压、建筑物体型和高度以及建筑地面粗糙度等因素有关，并且认为风荷载垂直作用于建筑物表面上。垂直于建筑物表面上的风荷载标准值可按下式计算：$w_k = \beta \mu_w \mu_z w_0$。

③吊车荷载：包括吊车的竖向荷载、纵向水平荷载和横向水平荷载。

计算方法：根据吊车的类型、工作制度、起重量、跨度等参数，按照《建筑结构荷载规范》(GB 50009—2012)中的规定进行计算。

4-6　门式刚架轻型房屋钢结构梁、柱的控制截面如何确定？需要考虑几种内力组合？怎样确定最不利内力组合？

答：对于门式刚架轻型房屋钢结构，控制截面的位置通常包括：

①柱底：柱脚与基础连接处，是承受上部结构荷载的重要部位。

②柱顶：柱子的顶部，可能受到风荷载、雪荷载等水平荷载的作用。

③柱牛腿连接处：如果有牛腿连接其他构件(如梁、支撑等)，则该处也是内力集中的部位。

④梁端：梁的端部，特别是当梁为分段设计时，各分段的端部都是需要考虑的控制截面。

⑤梁跨中：梁的跨中位置，由于弯矩较大，也是重要的控制截面。

需要考虑的内力组合：

计算刚架梁控制性截面的内力组合时，一般应计算以下三种最不利内力组合：

① M_{max} 及相应的 V 。

② M_{min} (即负弯矩最大)及相应的 V 。

③ V_{max} 及相应的 M 。

计算刚架柱控制性截面的内力组合时，一般应计算以下四种最不利内力组合：

① N_{max} 及相应的 M 、V 。

② N_{min} 及相应的 M 、V 。

③ M_{max} 及相应的 N 、V 。

④ M_{min}（即负弯矩最大）及相应的 N 、V 。

最不利内力组合的确定，可以按照以下步骤进行：

①确定荷载组合：根据设计规范和相关标准，确定结构需要承受的各种荷载及其组合方式。

②进行内力分析：利用结构分析软件或手算方法，对结构进行内力分析，得到各控制截面在不同荷载组合下的内力值。

③比较内力值：将各控制截面在不同荷载组合下的内力值进行比较，找出各截面的最不利内力组合。

④确定最不利内力组合：综合各控制截面的最不利内力组合情况，确定整个结构的最不利内力组合。

4-7　门式刚架轻型房屋钢结构梁、柱的截面形式及截面尺寸如何确定？

答：(1)梁的截面形式及尺寸确定

①截面形式：门式刚架轻型房屋钢结构的梁多采用实腹式刚架构件，其截面一般为工字形(H 形)。

②截面尺寸确定：梁的截面尺寸主要根据跨度、荷载以及稳定性要求来确定。截面高度通常在跨度的 1/50～1/20 之间选择，具体取决于跨度大小和荷载情况。翼缘宽度则根据梁间侧向支撑的间距和 l/b 限值来确定，以确保梁的整体稳定性。

(2)柱的截面形式及尺寸确定

①截面形式：柱的截面形式同样重要，常见的截面形式有工字形(H 形)、矩形或三角形等。当采用变截面设计时，柱截面可以适应弯矩变化，节约材料，但构造连接及加工制造相对复杂。当有吊车等重型设备时，柱多采用等截面设计，以保证足够的承载能力和刚度。

②截面尺寸确定：柱截面尺寸主要依据荷载大小及作用位置来确定。常用的柱截面高度一般为 300～700 mm，具体尺寸还需根据实际情况进行调整。截面翼缘和腹板需满足宽厚比和高厚比要求，以确保结构的稳定性和承载能力。

4-8　如何计算门式刚架梁、柱截面板件的最大宽厚比和有效宽度？

答：(1)最大宽厚比

工字形截面构件受压翼缘板自由外伸宽度 b 与其厚度 t 之比：$b/t \leqslant 15\sqrt{235/f_y}$ 。

工字形截面构件腹板的计算高度 h_w 与其厚度 t_w 之比：$h_w/t_w \leqslant 250$。

当地震作用组合的效应控制结构设计时，门式刚架轻型房屋钢结构的抗震构造措施应符合下列规定：

①工字形截面构件受压翼缘板自由外伸宽度 b 与其厚度 t 之比，不应大于 $13\sqrt{235/f_y}$ ；工字形截面梁、柱构件腹板的计算高度 h_w 与其厚度 t_w 之比，不应大于 160。

②在檐口或中柱的两侧三个檩距范围内，每道檩条处屋面梁均应布置双侧隅撑；边柱的檐口墙檩处均应双侧设置隅撑。

③当柱脚刚接时，锚栓的面积不应小于柱子截面面积的 15%。

④纵向支撑采用圆钢或钢索时，支撑与柱子腹板的连接应采用不能相对滑动的连接。

⑤柱的长细比不应大于 150。

(2)有效宽度

当工字形截面构件腹板受弯及受压板幅考虑屈曲后强度时，应按有效宽度计算截面特性。受压区有效宽度 h_e 的计算如下：$h_e = \rho h_c$ 。式中，h_e 为腹板受压区有效宽度；h_c 为腹板受压区宽度；ρ 为有效宽度系数，$\rho > 1.0$ 时，取 1.0。

4-9 门式刚架轻型房屋钢结构连接节点的主要形式有哪些？应如何设计？

答：(1)连接节点的主要形式

①梁柱节点连接：

(a)端板连接：主要适用于无吊车结构。端板连接主要包括外伸式、外伸式加肋、平板式等几种形式。在实际设计中，外伸式加肋的节点形式较为常见。端板连接属于半刚性连接，在弹性工作阶段可视为刚性连接，但进入弹塑性工作阶段后，由于连接的变形，就成为半刚性连接，具有较好的延性。

(b)连接形式选择：端板与构件的连接方式可以是竖放、平放或斜放，具体选择取决于竖向荷载和弯矩的大小以及节点的具体受力情况。例如：当竖向荷载起控制作用时，端板竖放可以减小节点的设计剪力；当节点弯矩很大时，采用端板斜放可以加长抗弯连接的力臂，有利于布置螺栓。

②柱脚连接：

刚接柱脚与铰接柱脚：柱脚根据能否抵抗弯矩分为刚接柱脚或铰接柱脚。实际工程中，柱脚多半是半刚接半铰接状态。若结构对侧移控制较严，则采用刚接柱脚；反之，则使用铰接柱脚。

③抗风柱连接：

(a)与刚架梁的连接：抗风柱与刚架梁的连接形式主要有刚接、铰接和弹簧板连接。建议使用弹簧板连接，因为该结构有利于端跨屋面梁与中间梁的变形协调。

(b)柱脚与基础的连接：抗风柱柱脚与基础的连接建议采用铰接，可减小基础工程量，构造简单，便于施工。

(2)设计要点

①连接螺栓设计：连接螺栓应按《钢结构设计标准》(GB 5007—2017)验算螺栓在拉力、剪力或拉剪共同作用下的强度。

②螺栓的布置应满足施工要求，如：螺栓中心至翼缘的距离应满足拧紧螺栓时的施工要求，不宜小于 35 mm；螺栓端距不应小于 2 倍螺栓孔径。

③端板厚度确定：端板厚度 t 应根据支承条件确定，各种支承条件端板区格的厚度应分别按相关公式计算。端板厚度取各种支承条件计算确定的板厚最大值，但不应小于 12 mm。

④节点域剪应力验算：门式刚架斜梁与柱相交的节点域应按相关公式验算剪应力，当不满足要求时，应加厚腹板或设置斜加劲肋。

⑤端板螺栓处构件腹板强度验算：端板螺栓处构件腹板强度应按相关公式进行计算，以确保腹板在受力过程中不会发生破坏。

⑥端板连接刚度验算：梁柱连接节点刚度应满足相关要求，以确保结构的整体稳定性和承载能力。

第5章　单层厂房钢结构

思考题

5-1　单层厂房钢结构是由哪些构件组成的？这些组成构件的作用是什么？

答：单层厂房钢结构一般是由屋盖结构、柱、吊车梁、制动梁（或桁架）、各种支撑以及墙架等构件组成的空间体系。这些构件按其作用可分为下面几类：

①横向框架由柱和它所支承的屋架组成，是单层厂房钢结构的主要承重体系，承受结构的自重、风荷载、雪荷载和吊车的竖向与横向荷载，并把这些荷载传递到基础。

②屋盖结构承担屋盖荷载的结构体系，包括横向框架的横梁、托架、中间屋架、天窗架、檩条等。

③支撑体系包括屋盖部分的支撑和柱间支撑等。它一方面与柱、吊车梁等组成单层厂房钢结构的纵向框架，承担纵向水平荷载；另一方面又把主要承重体系由个别的平面结构连成空间的整体结构，从而保证了单层厂房钢结构所必需的刚度和稳定。

④吊车梁和制动梁（或制动桁架）主要承受吊车竖向及水平荷载，并将这些荷载传递到横向框架和纵向框架上。

⑤墙架承受墙体的自重和风荷载。

此外，还有一些次要的构件，如梯子、走道、门窗等。在某些单层厂房钢结构中，由于要满足工艺操作上的要求，还设有工作平台。

5-2　布置柱网时应考虑哪些因素？

答：首先，柱网布置应满足生产工艺要求。单层厂房钢结构是直接为工业生产服务的，不同性质的单层厂房钢结构具有不同的生产工艺流程，各种工艺流程所需的主要设备、产品尺寸和生产空间都是决定单层厂房钢结构跨度和柱距的主要因素。

其次，为使结构设计经济合理，单层厂房钢结构构件逐步统一，提高设计标准化、生产工厂化及施工机械化的水平。单层厂房的柱网布置还必须满足《厂房建筑模数协调标准》（GB/T 50006—2010）的规定。

5-3　为什么要设置温度缝？横向和纵向温度缝如何设置？

答：温度变化将引起结构变形，使单层厂房钢结构产生温度应力。故当单层厂房钢结构平面尺寸较大时，为避免产生过大的温度变形和温度应力，应在单层厂房钢结构的横向或纵向设置温度伸缩缝。

设置温度伸缩缝最普遍的做法是设置双柱。即在缝的两旁布置两个无任何纵向构件联系的横向框架，使温度伸缩缝的中线和定位轴线重合；在设备布置条件不允许时，可采用插入距的方式，将缝两旁的柱放在同一基础上，其轴线间距一般可采用 1 m，对于重型厂房，由于柱的截面较大，可能要放大到 1.5 m 或 2 m，有时甚至到 3 m，方能满足温度伸缩缝的构造要求。为节约钢材也可采用单柱温度伸缩缝，即在纵向构件(如托架、吊车梁等)支座处设置滑动支座，以使这些构件有伸缩的余地。不过单柱伸缩缝使构造复杂，实际应用较少。当单层厂房钢结构宽度较大时，也应该按《钢结构设计标准》(GB 50017—2017)的规定布置纵向温度伸缩缝。

5-4　横向框架有哪些类型？如何确定横向框架的主要尺寸？

答：屋架与柱段连接可以是铰接，也可以是刚接，称相应的横向框架为铰接框架或刚接框架。对刚度要求较高的厂房(如设有双层吊车、装备硬钩吊车等)，宜采用刚接框架。在多跨时，特别是在吊车起重量不很大和采用轻型围护结构时，适宜采用铰接框架。

横向框架的跨度，一般取为上部柱中心线间的横向距离，可由下式定出：

$$L_0 = L_k + 2S$$

式中，L_k为桥式吊车的跨度；S 为由吊车梁轴线至上段柱轴线的距离，应满足下式要求：

$$S=B+D+b_1/2$$

式中，B 为吊车桥架悬伸长度，可由行车样本查得；D 为吊车外缘和柱内边缘之间的必要空隙，当吊车起重量不大于 500 kN 时，不宜小于 80 mm，当吊车起重量大于或等于 750 kN 时，不宜小于 100 mm，当在吊车和柱之间需要设置安全走道时，则 D 不得小于 400 mm；b_1为上段柱宽度。

S 的取值：对于中型厂房一般采用 0.75 m 或 1 m；对于重型厂房则为 1.25 m，甚至达到 2.0 m。

横向框架由柱脚底面到横梁下弦底部的距离：

$$H=h_1+h_2+h_3$$

式中，h_1为地面至柱脚底面的距离。中型车间约为 0.8～1.0 m，重型车间为 1.0～1.2 m；h_2为地面至吊车轨顶的高度，由工艺要求决定；h_3为吊车轨顶至屋架下弦底面的距离：

$$h_3=A+100+(150\sim200)(\text{mm})$$

式中，A 为吊车轨道顶面至起重小车顶面之间的距离；100 mm 是为制造、安装误差留出的空隙；(150～200)mm 则是考虑屋架的挠度和下弦水平支撑角钢的下伸等所留的空隙。

5-5　试述支撑体系的组成部分及其在单层厂房钢结构中的作用。

答：单层厂房钢结构的支撑体系由柱间支撑和屋盖支撑组成。

柱间支撑的作用：

①组成坚强的纵向构架，保证单层厂房钢结构的纵向刚度。

②承受单层厂房钢结构端部山墙的风荷载、吊车纵向水平荷载及温度应力等，在地震区尚应承受单层厂房钢结构纵向的地震力，并传至基础。

③可作为框架柱在框架平面外的支点，减小柱在框架平面外的计算长度。

屋盖支撑的作用：

①保证屋盖形成空间几何不变结构体系。

②加强屋盖结构的空间刚度。屋盖所受各种纵向、横向水平荷载(如风载、吊车制动力、地震力等)，都要通过各种支撑桁架传至屋架支座。

③为上、下弦杆提供侧向支撑点，减小弦杆在屋架平面外的计算长度，提高其侧向刚度和稳定性。

④保证屋盖结构安装时的稳定和方便。

5-6 试述柱间支撑的布置、构造和计算特点。

答：①柱间支撑的布置：下层柱间支撑一般宜布置在温度区段中部；上层柱间支撑除了要在下层支撑布置的柱间设置外，还应当在每个温度区段的两端设置。每列柱顶端均要布置刚性系杆。

②构造特点：柱距较大时，上柱支撑可用八字形或V形。下柱高度大但柱距小时，下柱支撑高而窄，可用双层十字形；厂房高而刚度要求严格时，支撑可以设在相邻两个开间。柱距较大或十字形妨碍生产空间时，可采用门形支撑。

③计算特点：上层柱间支撑承受端部墙传来的风力；下层柱间支撑除承受端墙传来的风力外，还承受吊车的纵向水平荷载。在同一温度区段的同一柱列设有两道或两道以上的柱间支撑时，则纵向水平荷载(包括风力)全部由该柱列所有支撑共同承受。当在柱的两个肢的平面内成对设置时：在吊车肢的平面内设置的下层支撑，除承受吊车纵向水平荷载外，还承受屋盖肢下层支撑按轴线距离分配传来的风力；在靠墙的外肢平面内设置的下层支撑，只承受端墙传来的风力与吊车肢下层支撑按轴线距离分配的力。

5-7 选择压型钢板时应考虑哪些因素？

答：压型钢板是用于建筑和结构材料的一种金属产品。为了选择适合的压型钢板，需要考虑以下因素：

①强度等级：根据面板的设计负载和所需强度等级，选择合适的压型钢板强度等级，以满足面板所需的荷载分配和强度要求。

②面板之间的连接：在选择压型钢板时，需要考虑如何将不同面板连接在一起，并保证良好的密封性和结构性能。这包括连接件的选型和安装方式。

③适用环境：在选择压型钢板时，需要考虑面板的使用环境，比如温度、湿度、风、雨、阳光等，以便选择合适的防腐、防火、隔热等功能性涂层或涂料。

④材料形式：压型钢板的材料可以是钢板、铝合金或不锈钢。选择不同材料形式的压型钢板，需要结合固定中心距离、面板尺寸、强度等级和环境条件等因素进行考虑，以充分发挥压型钢板的功能。

⑤板厚：压型钢板的厚度会影响其强度和抗风荷载能力。选择压型钢板时，需要根据使用环境和强度等级等因素，合理选择板厚，以确保良好的结构性能和抗风性能。

⑥颜色和外观：当应用于建筑外立面和屋顶等时，选择适当的颜色和外观，能够提高建筑的美观度以及市场价值。

5-8 屋盖结构布置及选型时，应主要考虑哪些因素？

答：①应能将屋盖的地震作用有效地传递到下部支承结构。

②应具有合理的刚度和承载力分布，屋盖及其支承的布置宜均匀对称。

③宜优先采用两个水平方向刚度均衡的空间类体系。

④结构布置宜避免因局部削弱或突变形成薄弱部位，产生过大的内力、变形集中。对于可能出现的薄弱部位，应采取措施提高抗震能力。

⑤宜采用轻型屋面系统。

⑥下部支承结构应合理布置，避免使屋盖产生过大的地震扭转效应。屋盖结构与下部支承结构各自的基本周期宜错开。

5-9　桁架的主要尺寸是根据什么确定的？根据哪几条基本原则来选择桁架的形式？在什么情况下需要采用再分式腹杆形式？

答：(1)桁架的主要尺寸

桁架的主要尺寸包括桁架的跨度、跨中高度及梯形桁架的端部高度。

①跨度。桁架的标志跨度一般是指柱网轴线的横向间距，在无檩体系屋盖中应与大型屋面板的宽度相适应，一般以 3 m 为模数。桁架的计算跨度 l_0 是指桁架两端支座反力间的距离。当桁架简支于钢筋混凝土柱或砖柱上，且柱网采用封闭结合时，考虑桁架支座处需一定的构造尺寸，一般可取 $l_0 = l-(300 \sim 400)$；当桁架支承于钢筋混凝土柱上，而柱网采用非封闭结合时，计算跨度等于标志跨度，即 $l_0 = l$；当桁架与钢柱刚接时，其计算跨度取钢柱内侧面之间的距离。

②高度。桁架的高度应根据经济、刚度和建筑等要求，以及屋面坡度、运输条件等因素确定。桁架的最大高度取决于运输界限，最小高度根据桁架容许挠度确定，经济高度则是根据桁架杆件的总用钢量最少的条件确定。有时建筑高度也限制了桁架的最大高度。一般情况下，桁架的高度可在如下范围内采用：三角形桁架高度较大，一般取 $h=(1/6 \sim 1/4)l$。梯形桁架的屋面坡度较平坦，当上弦坡度为 1/12 ～ 1/8 时，跨中高度一般为 $(1/10 \sim 1/6)l$。跨度大(或屋面荷载小)时取小值，跨度小(或屋面荷载大)时取大值。梯形桁架的端部高度：当桁架与柱铰接时为 1.6～2.2 m，刚接时为 1.8～2.4 m。端弯矩大时取大值，端弯矩小时取小值。

(2)选择桁架形式的基本原则

在确定桁架外形时，应综合考虑房屋的用途、建筑造型、屋面材料的排水要求、桁架的跨度、荷载的大小等因素，使之符合适用、受力合理、经济和施工方便等原则。从受力角度出发，桁架外形应尽量与弯矩图相近，以使弦杆受力均匀。受力较合理的腹杆布置应使短杆受压，长杆受拉，腹杆数量少，总长度短，且尽可能使荷载作用于节点，避免弦杆因受节间荷载引起局部弯矩而增加截面。从施工角度出发，桁架杆件的数量和品种规格应尽可能少，在用钢量增加不多的原则下，力求尺寸统一、构造简单，以便制造。腹杆与弦杆轴线间的夹角一般为 30°～60°，最好在 45°左右，以使节点紧凑。桁架上弦的坡度须适合屋面的排水要求。此外，还应考虑建筑的需要以及设置天窗等方面的要求。上述各种要求往往难以同时满足，因此应根据具体情况，对经济技术指标进行综合分析、比较。

(3)再分式腹杆的使用

再分式腹杆体系的桁架上弦节间短，屋面板宽度较窄时，可避免上弦承受节间荷载、产生局部弯矩，用料经济，但节点和腹杆数量增多，制造较费时，故有时仍采用较大节间使上弦杆承受节间荷载的做法，虽耗钢量增多，但构造较简单。折中的做法是在跨中弦杆内力较大处的一部分节间增加再分杆，而在支座附近弦杆内力较小的节间仍采用较大节间，以获得较好的经济效果。

5-10 如果屋面采用压型钢板，屋架跨度 $l=36$ m，屋面坡度 $i=1/5$，檩距为 3 m，要求屋架与柱子的连接为刚接，采用什么屋架形式较好？

答：需满足跨度、屋面坡度、支座刚接的要求，采用梯形屋架较好。

5-11 屋盖支撑有哪些类型？各自的作用和布置原则是什么？根据什么原则来布置柔性系杆或刚性系杆？

答：(1)屋盖支撑的类型

屋盖支撑系统包括横向水平支撑、纵向水平支撑、垂直支撑和系杆。

(2)屋盖支撑的作用

①屋架间的横向水平支撑的作用：形成刚性框架，增强屋盖的整体刚度，保证屋架上弦或屋面梁上翼缘的侧向稳定，同时可将抗风柱传来的风力传递到纵向排架柱顶。

②屋架间的纵向水平支撑的作用：提高厂房刚度，保证横向水平力的纵向分布，加强横向排架的空间工作。

③屋架间的垂直支撑和系杆的作用：保证屋架的整体稳定，当吊车工作时防止屋架下弦发生侧向颤动。

(3)屋盖支撑的布置原则

①上弦横向水平支撑：上弦横向水平支撑一般布置在屋盖两端(或每个温度区段的两端)的两榀相邻屋架的上弦杆之间，位于屋架上弦平面，沿屋架全跨布置，形成一平行弦桁架，其节间长度为屋架节间距的 2～4 倍。它的弦杆即屋架的上弦杆，腹杆由交叉的斜杆及竖杆组成。交叉的斜杆一般用单角钢或圆钢制成(按拉杆计算)，竖杆常用双角钢的 T 形截面。当屋架有檩条时，竖杆由檩条兼任。

②下弦横向水平支撑：下弦横向水平支撑布置在上弦横向水平支撑的同一开间，它也形成一个平行弦桁架，位于屋架下弦平面。其弦杆即屋架的下弦，腹杆也由交叉的斜杆及竖杆组成，其形式和构造与上弦横向水平支撑相同。

③下弦纵向水平支撑：它布置在屋架下弦两端节间处，位于屋架下弦平面，沿房屋全长布置，也组成一个具有交叉斜杆及竖杆的平行弦桁架。它的端竖杆就是屋架端节间的下弦。对于三角形屋盖或某些特殊情况，下弦纵向水平支撑也可设在屋架上弦平面。一般情况下，屋架可以不设置下弦纵向水平支撑，仅当房屋有较大起重量的桥式吊车、壁行吊车或锻锤等较大振动设备，以及房屋高度或跨度较大或空间刚度要求较大时，才设置下弦纵向水平支撑。此外，在房屋设有托架处，为保证托架的侧向稳定，在托架范围及两端各延伸一个柱间应设置下弦纵向水平支撑。

④垂直支撑：位于上、下弦横向水平支撑同一开间内，形成一个跨长为屋架间距的平行弦桁架。它的上、下弦杆分别为上、下弦横向水平支撑的竖杆，它的端竖杆就是屋架的竖杆(或斜腹杆)。垂直支撑中央腹杆的形式由支撑桁架的高跨比决定，一般常采用 W 形或双节间交叉斜杆等形式。腹杆截面可采用单角钢或双角钢 T 形截面。跨度小于 30 m 的梯形屋架通常在屋架两端和跨度中央各设置一道垂直支撑。当跨度大于 30 m 时，则在两端和跨度 1/3 处共设四道支撑。一般情况下，跨度小于 18 m 的三角形屋架只需在跨度中央设一道垂直支撑，大于 18 m 时则在 1/3 跨度处共设两道支撑。

⑤系杆：在未设横向支撑的开间，相邻平面屋架由系杆连接。系杆通常在屋架两端，有垂直支撑位置的上、下弦节点以及屋脊和天窗侧柱位置，沿房屋纵向通长布置。系杆对屋架上、下弦杆提供侧向支承，因此必要时，还应根据这些弦杆长细比的要求按一定距离增设中间系杆。对于有檩屋盖，檩条可兼作系杆。

(4)布置柔性系杆或刚性系杆的原则

系杆中只能承受拉力的称为柔性系杆，常采用单角钢或圆钢截面；能承受压力的称为刚性系杆，常用双角钢T形或十字形截面。一般在屋架下弦端部及上弦屋脊处需设置刚性系杆，其他情况下可设柔性系杆。

5-12　为什么梯形桁架除按全跨荷载计算外，还要按半跨荷载进行计算？

答：梯形桁架的少数斜腹杆在半跨荷载作用下可能产生最大内力或引起内力的变号，所以对梯形桁架还应根据使用和施工过程的分布情况考虑半跨荷载的作用。

5-13　桁架杆件内力组合的基本原则是什么？有哪些类型？

答：设计桁架时，应根据使用和施工过程中可能出现的最不利荷载组合计算桁架杆件的内力。

一般情况下，对平行弦、梯形等钢桁架应考虑以下三种荷载组合：

①全跨永久荷载＋全跨可变荷载。

②全跨永久荷载＋半跨可变荷载。

③全跨桁架、天窗架和支撑自重＋半跨屋面板自重＋半跨屋面活荷载。

在考虑荷载组合时，不考虑屋面的活荷载和雪荷载同时作用，可取两者中的较大值计算。

用第①种荷载组合计算的桁架杆件内力在多数情况下为最不利内力。但在②③两种荷载组合下，梯形桁架在跨中部分的斜腹杆内力可能变号，由拉变为压，而且可能为最大，故须给予考虑。如果在安装过程中，两侧屋面板对称均匀铺设，则可不考虑第③种荷载组合。对于屋面坡度较大和自重较轻的钢桁架，还应考虑风荷载吸力作用的组合。

5-14　是否可把桁架杆件在桁架平面内的计算长度都取为节点间的距离？为什么？

答：可以。

因为桁架的弦杆、支座竖杆和支座斜杆的两端相对约束较小，可偏安全地视为铰接，在桁架平面内的计算长度可取节点间的轴线长度，即 $l_{0x}=l$ 。其他腹杆，虽然在上弦节点处因拉杆少，嵌固作用不大，但下弦节点处相连拉杆较多，且拉力大，拉杆的刚度亦大，嵌固作用较大，因此其桁架平面内的计算长度可取 $l_{0x}=0.8l$ 。如果计算长度系数都按1.0取，是偏安全的，所以桁架杆件在桁架平面内的计算长度都可以取为节点间的距离。

5-15　为什么桁架拉杆与压杆的容许长细比取值不同？桁架杆件的刚度要求是什么？

答：由于压杆除了要满足强度要求以外，还要满足稳定要求，因此压杆的容许长细比取值要严格一些。

桁架杆件的刚度验算是应满足容许长细比限值的要求。

5-16　桁架杆件截面的选择是按什么原则进行的？杆件截面的选择应考虑哪些因素？

答：(1)桁架杆件截面选择的原则

①应优先选用在相同截面面积情况下宽肢薄壁的角钢，以增加截面的回转半径，这对

压杆尤为重要。

②角钢规格不宜小于∟45×4或∟56×36×4。放置屋面板时，上弦角钢水平肢宽须满足搁置尺寸要求。

③同一榀桁架的角钢规格应尽量统一，一般宜调整到不超过6种。同时应尽量避免使用同一肢宽而厚度相差不大的角钢，同一种规格的厚度之差不宜小于2 mm，以便施工时辨认。

④桁架弦杆一般沿全跨采用等截面，但对跨度大于24 m的三角形桁架和跨度大于30 m的梯形桁架，可根据内力变化改变弦杆截面，但在半跨内只宜改变一次，且只改变肢宽而保持厚度不变，以便拼接。

(2)杆件截面选择应考虑的因素

①承载能力：桁架的主要功能是承载荷载，在选择杆件截面时，需要考虑承载能力的需求。通常情况下，桁架的主杆件会选择较大的截面尺寸，以确保足够的承载能力。

②稳定性：桁架结构需要具备较好的稳定性，能够抵抗变形和倾覆的力。较大的截面尺寸可以提高桁架的稳定性。

③自重：桁架的杆件自重也需要考虑在内。如果杆件截面过大，会增加自重，可能会对整个结构造成不利影响。

5-17　单层厂房钢结构横向框架的计算简图如何确定？应考虑哪些荷载？

答：单层厂房钢结构通常简化为单个的平面框架来计算。框架计算单元的划分应根据柱网的布置确定，并使纵向每列柱至少有一根柱参加框架工作，同时将受力最不利的柱划入计算单元中。对于各列柱距均相等的单层厂房钢结构，只计算一个框架。对有抽柱的计算单元，一般以最大柱距作为划分计算单元的标准，其界限可以采用柱距的中心线，也可以采用柱的轴线，如采用后者，则对计算单元的边柱应只计入柱的刚度的一半，作用于该柱的荷载也只计入一半。框架的计算跨度L_0取为两上柱轴线之间的距离。横向框架的计算高度H：柱顶刚接时，可取为柱脚底面至框架下弦轴线的距离(横梁假定为无限刚性)，或柱脚底面至横梁端部形心的距离(横梁为有限刚性)；柱顶铰接时，应取为柱脚底面至横梁主要支承节点间距离。对阶形柱应以肩梁上表面作分界线将H划分为上部柱高度H_2和下部柱高度H_1。

作用在横向框架上的荷载可分为永久荷载和可变荷载两种。永久荷载：屋盖系统、柱、吊车梁系统、墙架、墙板及设备管道等的自重。这些重量可参考有关资料、表格、公式进行计算。可变荷载：风荷载、雪荷载、积灰荷载、屋面均布活荷载、吊车荷载、地震荷载等。这些荷载可由荷载规范和吊车规格查得。

5-18　单层厂房钢结构框架柱有几种类型？如何选择其截面？框架柱在平面内及平面外的计算长度怎样确定？

答：(1)单层厂房钢结构框架柱的类型

框架柱按结构形式可分为等截面柱、阶形柱和分离式柱三大类。

(2)截面的选择

等截面柱有实腹式和格构式两种，通常采用实腹式。等截面柱将吊车梁支于牛腿上，构造简单，但吊车竖向荷载偏心大，只适用于吊车起重量$Q<150$ kN或无吊车且房屋高度较小的轻型钢结构。

阶形柱也可分为实腹式和格构式两种。从经济角度考虑，阶形柱由于吊车梁或吊车桁架支承在柱截面变化的肩梁处，荷载偏心小，构造合理，其用钢量比等截面柱少，因而在单层厂房钢结构中应用广泛。阶形柱还根据房屋内设单层吊车或双层吊车做成单阶柱或双阶柱。阶形柱的上段由于截面高度 h 不大（无人孔时 $h=400\sim600$ mm，有人孔时 $h=900\sim1\ 000$ mm），并考虑柱与屋架、托架的连接等，一般采用工字形截面的实腹柱。下段柱，对于边列柱来说，由于吊车肢受的荷载较大，通常设计成不对称截面，中列柱两侧荷载相差不大时，可以采用对称截面。下段柱截面高度 $h\leqslant1$ m 时，采用实腹式；截面高度 $h\geqslant1$ m时，采用缀条柱。

分离式柱由支承屋盖结构的屋盖肢和支承吊车梁或吊车桁架的吊车肢所组成，两柱肢之间用水平板相连接。吊车肢在框架平面内的稳定性就依靠连在屋盖肢上的水平连系板来解决。屋盖肢承受屋面荷载、风荷载及吊车水平荷载，按压弯构件设计。吊车肢仅承受吊车的竖向荷载，当吊车梁采用突缘支座时，按轴心受压构件设计；当采用平板支座时，仍按压弯构件设计。分离式柱构造简单，制作和安装比较方便，但用钢量比阶形柱多，且刚度较差，只宜用于吊车轨顶标高低于 10 m 且吊车起重量 $Q\geqslant750$ kN 的情况，或者相邻两跨吊车的轨顶标高相差很悬殊而低跨吊车的起重量 $Q\geqslant500$ kN 的情况。

双肢格构式柱是重型厂房阶形柱的常见形式，教材图 5-41 是其截面的常见类型。阶形柱的上柱截面通常取实腹式等截面焊接工字形或类型(a)，下柱截面类型要依吊车起重量的大小确定：类型(a)适用于吊车起重量较小的中列柱截面；类型(b)常见于吊车起重量较小的边列柱截面；吊车起重量不超过 50 t 的中柱可选取(c)类截面，否则需做成(d)类截面；截面类型(e)适合于吊车起重量较大的边列柱；特大型厂房的下柱截面可做成(f)类截面。

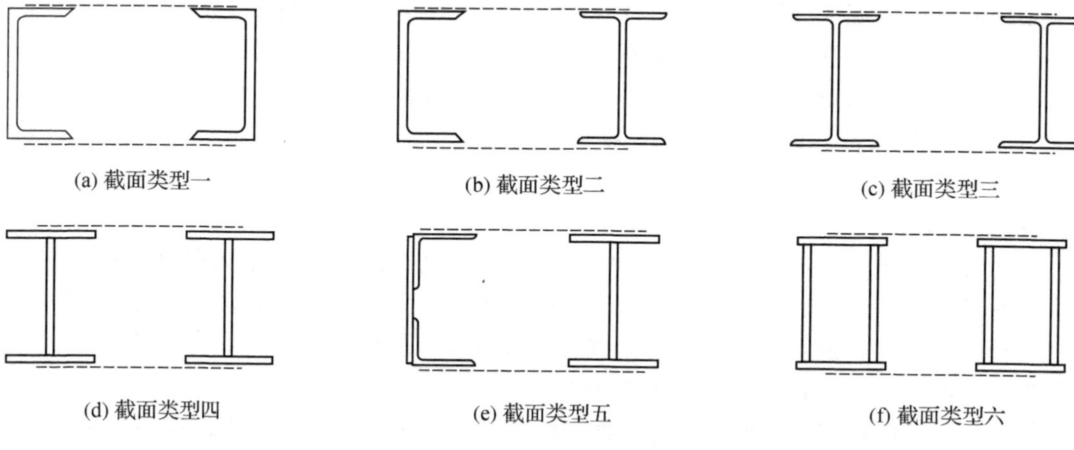

(a) 截面类型一　(b) 截面类型二　(c) 截面类型三

(d) 截面类型四　(e) 截面类型五　(f) 截面类型六

图 5-41　双肢格构式柱

(3)框架柱的计算长度

柱在框架平面内的计算长度应通过对整个框架的稳定分析确定，但由于框架实际上是一种空间体系，而构件内部又存在残余应力，要确定临界荷载比较复杂。因此，目前对框架的分析，不论是等截面柱框架还是阶形柱框架，都按弹性理论确定其计算长度。

柱在框架平面内的计算长度应根据柱的形式及两端支承情况而定。等截面柱的计算长度按单层有侧移框架柱确定。对于阶形柱，其计算长度是分段确定的。

厂房柱在框架平面外(沿厂房长度方向)的计算长度，在无特殊情况和设计要求时，应取阻止框架平面外位移的侧向支承点之间的距离，柱间支撑的节点是阻止框架柱在框架平面外位移的可靠侧向支承点，与此节点相连的纵向构件(如吊车梁、制动结构、辅助桁架、托架、纵梁和刚性系杆等)亦可视为框架柱的侧向支承点。此外，柱在框架平面外的尺寸较小，侧向刚度较差，在柱脚和连接节点处可视为铰接。

第6章　冷弯薄壁型钢结构

思考题

6-1　冷弯薄壁型钢结构有哪些优点和缺点？

答：冷弯薄壁型钢结构体系具有建造速度快、绿色施工、造型可个性化定制及施工简单等优点，而且冷弯薄壁型钢构件具有质量轻、强度高、易于预制和量产、安装快、可回收利用等优点。但是冷弯薄壁型钢结构目前主要应用于低层建筑中。

6-2　冷弯薄壁型钢结构荷载如何确定？

答：冷弯薄壁型钢结构荷载包括结构自重、活荷载(雪荷载、风荷载等)、地震作用等。相应荷载计算根据《建筑结构荷载规范》(GB 50009—2012)和《建筑抗震设计标准(2024年版)》确定。

6-3　有效宽度法和直接强度法的区别是什么？各自的步骤分别是什么？

答：有效宽度法和直接强度法都能计算板件的极限承载力，而且都考虑了局部屈曲及屈曲后强度的影响。但两者的思路不同，前者折减板件宽度，即以有效宽度来考虑，而后者折减截面应力，即以折减应力来考虑。除此之外，直接强度法还会考虑畸变屈曲的影响。

有效宽度法中，首先需要确定板件的有效宽度，然后确定截面有效面积。而直接强度法中，需要确定考虑屈曲之后的构件有效应力。

6-4　墙体设计时应进行哪些验算？其中 A_{cd} 与 λ_{cd} 是什么关系？

答：墙体设计时应进行强度和稳定性计算。A_{cd} 为畸变屈曲时的有效截面面积，而 λ_{cd} 为确定 A_{cd} 用的无量纲长细比。

6-5　楼盖设计时，如何设计荷载偏离截面弯心但与主轴平行的受弯构件？

答：需验算强度及稳定性。

①强度计算：

$$\sigma = \frac{M_{max}}{W_{enx}} + \frac{B}{W_{\omega}} \leqslant f, \tau = \frac{V_{max}S}{It} \leqslant f_{v}$$

②稳定性计算：

$$\frac{M_{max}}{\varphi_{bx}W_{ex}} + \frac{B}{W_{\omega}} \leqslant f$$

6-6　冷弯薄壁型钢房屋抗震验算需要注意哪些方面？

答：需要进行抗剪强度验算及抗震变形验算。

第 7 章　钢管结构

思考题

7-1　钢管结构的优越性能主要表现在哪些方面？

答：①圆管和方(矩)形管截面都具有双轴对称、截面形心和剪心重合等特点；圆管和方管截面，截面惯性矩对各轴相同，作为受弯和受压构件的优势最突出；截面闭合，抗扭刚度大、板件局部稳定好。尤其是圆管截面，截面按极轴均匀对称分布，抵抗扭矩特别有效，可以节约钢材用量，在工业建筑中可节省钢材约 20%，在塔架结构中节约量可达 50%。

②外观简洁、平滑，杆件可直接焊接，不用节点板，构造简洁，省料省时。

③圆管和方(矩)形管截面具有表面平整、无死角以及外露表面积小等特点，其外露表面积约为开口截面的 50%～60%，有利于节省防腐和防火涂料，也便于除尘。

④钢管截面有利于减小流体阻力，尤其是圆管截面，应用于暴露在流体(如风、水流)中的建筑结构时有着显著的优点。

⑤钢管结构的内部空间可利用：填充混凝土(钢管混凝土结构)不仅能提高构件的承载力，而且还能延长构件耐火极限(平均可达 2 h)；管内注水，可利用内部水循环进行防火；传输液体，如输油管桥、排雨水管等；管内还可以放置预应力索，施加体内预应力。

⑥钢管结构采用直接焊接连接时要求施工准确度高，对相贯线下料、焊接、安装等技术要求较高。

7-2　钢管结构的节点视为铰接需满足的条件是什么？

答：对钢管桁架结构体系进行内力分析时，将节点视为铰接需满足以下条件。

①符合各类节点相应的几何参数适用范围。如支管外部尺寸应小于或等于主管外部尺寸，支管壁厚应小于或等于主管壁厚。

②桁架平面内杆件的节间长度或杆件长度与截面高度(或直径)之比不小于 12(主管)和 24(支管)。

7-3　钢管结构的构造要求有哪些？

答：①在管节点处主管应连续，圆支管的端部应加工成马鞍形，直接焊于主管外壁上，而不得将支管插入主管内。为了连接方便和保证焊接质量，主管的外部尺寸应大于支管的外部尺寸，且主管的壁厚不得小于支管的壁厚。

②主管与支管之间的夹角 θ 以及两支管间的夹角，不宜小于 30°，否则支管端部焊缝不易施焊，焊缝熔深也不易保证，并且支管的受力性能也欠佳。

③支管与主管的连接节点处，除搭接节点外，应尽可能避免偏心。当主管与支管中心线交于一点，即不存在节点偏心时，内力分析和截面设计的过程都可大大简化，并可充分发挥截面和材料的优良特性。

④支管端部应平滑并与主管接触良好，不得有过大的局部空隙。一般来说，管结构的支管端部加工应尽量使用钢管相贯线切割机。它可以按输入的夹角以及支管、主管的直径和壁厚，直接切成所需的空间形状，并可按需要在支管壁厚上切成坡口，如用手工切割很难保证切口质量。当然，当支管壁厚小于 6 mm 时可不切坡口。

⑤对 K 形或 N 形间隙节点，支管间隙 a 应不小于两支管壁厚之和，用于保证支管与主管间连接焊缝施焊的空间。

⑥对 K 形或 N 形搭接节点，其搭接率 $\eta_{ov}=q/p\times100\%$ 应满足 $25\%\leqslant\eta_{ov}\leqslant100\%$，且应确保在搭接部分的支管之间的连接焊缝能很好地传递内力。

⑦在搭接节点中，搭接支管要通过被搭接支管传递内力，所以为保证被搭接支管的强度不低于搭接支管的强度，《钢结构设计标准》(GB 50017—2017)规定：当支管厚度不同时，薄壁管应搭在厚壁管上；当支管钢材强度等级不同时，低强度管应搭在高强度管上。

⑧支管与主管之间的连接可沿全周用角焊缝或部分采用对接焊缝、部分采用角焊缝。支管管壁与主管管壁之间的夹角大于或等于 120°的区域宜用对接焊缝或带坡口的角焊缝。角焊缝的焊脚尺寸 h_f 不宜大于支管壁厚的 2 倍。一般支管的壁厚不大，宜采用全周角焊缝与主管连接。当支管壁厚较大时，宜沿焊缝长度方向部分采用角焊缝、部分采用对接焊缝。由于全部对接焊缝在某些部位施焊困难，所以一般不予推荐。

⑨钢管构件承受较大集中荷载的部位其工作情况较为不利，应采取适当的加强措施，例如加套管或加劲肋等。若横向荷载是通过支管施加于主管，则只要满足有关节点强度的要求，就不必对主管进行加强。钢管构件的主要部位应尽量避免开孔，不得已要开孔时，应采取适当的补强措施，例如在孔的周围加焊补强板等。

⑩钢管构件的接长或拼接接头宜采用对接焊缝连接。当两管直径不同时，宜加锥形过渡段。大直径或重要的拼接，宜在管内加短衬管。轴心受压构件或受力较小的压弯构件也可采用通过隔板传递内力的形式。对工地连接的拼接，也可采用法兰板的螺栓连接。

7-4　钢管桁架结构设计有哪些步骤？

答：①先确定桁架形状、跨度、高度、节间长度、支撑，尽量使节点数量最少。

②将荷载简化成节点上的等效荷载。

③按铰接无偏心的桁架确定杆件轴力。

④根据轴力和规范要求确定杆件截面。应控制杆件种类，使杆件截面形式最少。

⑤验算节点承载力及焊缝强度。

⑥验算荷载标准值作用下的桁架挠度。

第 8 章　钢-混凝土组合梁

思考题

8-1　简述钢-混组合梁的受力特点。

答：钢-混组合梁的钢梁在组合梁中主要是处于受拉状态。混凝土翼板不仅可以提高组合梁的强度及变形性能，而且可以防止梁出现平面外失稳。抗剪连接件可以抵抗受弯时混凝土板与钢梁间的相对滑移，使钢梁和混凝土板成为一个具有统一中和轴的组合梁共同受弯，混凝土板及其相接触的钢梁上部承受压力，而其余大部分钢梁承受拉力。

8-2　完全抗剪钢-混组合梁和部分抗剪组合梁的区别是什么?

答：根据抗剪连接程度的大小可以分为完全抗剪连接和部分抗剪连接。完全抗剪连接是指在最大弯矩截面到支座截面之间全部抗剪连接件的抗剪能力大于或等于由极限平衡条件确定的交界面剪力；部分抗剪连接在最大弯矩截面到支座截面之间的连接件个数小于完全抗剪连接的个数。采用柔性抗剪连接件(如栓钉、槽钢、弯筋等)的组合梁，随着连接件数量的减少，钢梁和混凝土翼缘板间协同工作程度下降，极限抗弯承载力随抗剪连接程度的降低而减小。因此，完全抗剪钢-混组合梁和部分抗剪组合梁的极限抗弯承载力的计算也是有区别的。

8-3　简述完全抗剪钢-混组合梁抗弯承载力计算的基本假定。

答：在计算完全抗剪连接简支组合梁的极限抗弯承载力时，采用以下基本假定。

①在承载力极限状态，抗剪连接件能够有效传递钢梁和混凝土翼缘板之间的剪力，抗剪连接件的破坏不会先于钢梁的屈服和混凝土的压溃。

②忽略受拉区及板托内混凝土的作用，受压区混凝土则能达到其轴心抗压强度设计值。

③钢材均达到塑性设计强度设计值，即受压区钢材达到抗压强度设计值，受拉区钢材达到抗拉强度设计值，抗剪的钢梁腹板达到抗剪强度设计值。

④忽略混凝土板托及钢筋混凝土翼缘板内的钢筋的作用。

8-4　简述钢-混组合梁抗剪承载力计算的假定。

答：当采用塑性方法计算组合梁的竖向抗剪承载力时，可以认为组合梁截面上的全部竖向剪力仅由钢梁腹板承担而忽略混凝土翼缘板的贡献。同时，在竖向抗剪极限状态时钢梁腹板均匀受剪并且达到了钢材抗剪强度设计值。

第 9 章　矩形钢管混凝土柱

思考题

9-1　简述矩形钢管混凝土柱在工程应用中相对钢柱和混凝土柱分别有什么优点。

答：(1)相对钢柱的优点

①耐火性：钢管混凝土柱由于内部填充了混凝土，能够提供额外的隔热保护，使钢管混凝土柱在火灾下温度升高较慢，从而提高了结构的耐火性能。

②承载力：钢管混凝土柱的承载能力通常高于同等尺寸的钢柱，因为混凝土可以增加钢管的侧向刚度，防止局部屈曲，使得钢管混凝土柱能承受更大的荷载。

③经济性：钢管混凝土柱与钢柱相比成本较低，尤其是在需要额外防火保护或更高承载力的情况下。

④抗震性能：钢管混凝土柱在地震等动力荷载作用下，由于混凝土的填充作用，可以提高柱的延性和抗震性能。

(2)相对混凝土柱的优点

①施工速度：钢管混凝土柱的施工速度通常比混凝土柱快，因为钢管可以作为施工期间的临时支撑，减少了模板和支撑的需求。

②自重：钢管混凝土柱由于钢材的使用，可以设计得更轻巧，减轻了结构的自重，这对于高层建筑尤其重要。

③耐久性：钢管混凝土柱的耐久性优于混凝土柱，因为钢管可以保护内部混凝土不受外界环境的侵蚀。

④抗裂性：由于钢管的约束作用，钢管混凝土柱在受力时产生的裂缝宽度通常小于混凝土柱，结构的抗裂性得到提升。

⑤塑性变形能力：钢管混凝土柱在达到极限承载力后，由于钢管和混凝土的相互作用，可以表现出较好的塑性与延性，而混凝土柱延性较差，随着选用的混凝土材料强度越来越高，混凝土的延性也随之降低，单独的混凝土构件将非常容易发生脆性破坏，不满足结构安全的要求。

⑥美观性：矩形钢管混凝土柱可以提供更加整洁和现代的外观，适应多种建筑风格的需求。

9-2　简述矩形钢管混凝土柱相对圆形钢管混凝土柱有什么优缺点。

答：①在截面面积相同的情况下，矩形钢管混凝土柱相对于圆形钢管混凝土柱抗弯刚度更高，整体稳定性较好。

②相对于圆形钢管混凝土柱，矩形钢管混凝土柱焊接简单、柱脚零件少、焊缝短，可直接插入混凝土基础预留杯口中。

③矩形钢管混凝土柱适用于需要较大空间的建筑，可提供较大的柱间空间。

④矩形钢管混凝土柱节点形式简单、外形规整美观，在视觉上可以更好地融入建筑的平面布局，呈现更加整洁的外观。

9-3　简述矩形钢管混凝土柱的适用条件。

答：①矩形钢管混凝土柱可用于多、高层建筑的框架结构体系、框架-支撑体系、框架-剪力墙体系、框架筒体体系、巨型框架体系和交错桁架体系等的框架柱构件，并可以与钢结构、型钢混凝土结构、钢筋混凝土结构和圆形钢管混凝土结构同时使用。

②矩形钢管混凝土结构根据结构体系、抗震设防烈度有不同的适用高度，应满足规范对适用高度的相关要求，对平面和竖向均不规则的结构或Ⅳ类场地上的结构，适用的最大高度应适当降低。

③矩形钢管混凝土结构民用房屋需满足规范所要求的最大高宽比。

④矩形钢管混凝土柱与其他构件组成的结构体系，其布置宜规则，楼层刚度分布宜均匀。结构布置应符合《建筑抗震设计规范》(2016 年版)(GB 50011—2010)的要求，并应使结构受力明确，满足对承载力、稳定性和刚度的设计要求。

⑤此外，鉴于矩形钢管混凝土柱的尺寸、结构、材料的特点，不适合用于空间受限或需要精细空间划分的小型建筑及处于极端腐蚀环境下的建筑。

9-4　试分析矩形钢管混凝土柱中再配置钢筋时的受力特性。

答：在矩形钢管混凝土柱中，其主要的工作原理是利用混凝土与钢管间的相互作用力来提供抗力，虽然在内部的混凝土中通常会配置少量钢筋，但在整体结构中，钢筋主要起结构支撑与约束作用。在矩形钢管混凝土柱中再配置钢筋时，其受力特性并不会发生较大的变化，而其中钢筋的作用主要分为以下几点：

①提高延性：钢筋的存在可以增加构件的整体延性，使其在受到极限荷载等作用时，具备更好的变形能力，延缓破坏过程。

②约束作用：横向钢筋可提供部分横向约束，进一步提高混凝土的抗压强度与延性，同时还可以防止钢管在局部区域的屈曲，提高整体稳定性。

③控制混凝土裂缝：钢筋的存在有助于分散应力，在混凝土硬化过程中，由于温度变化和收缩，会产生部分裂缝，而内部钢筋可有效控制裂缝发展。

④便于施工：在施工过程中少量钢筋可作为支架，支撑和定位浇筑的混凝土。

9-5　简述进一步提高矩形钢管混凝土柱抗弯能力的措施(从外部条件考虑)。

答：①增大钢管壁厚度：钢管壁厚度直接影响钢管的抗弯刚度与承载力，同时更厚的钢管壁可有效减少弯曲变形与局部屈曲，从而提高整体结构的稳定性。

②增强节点：对柱与梁之间的连接节点处进行加强，如采用高强度螺栓连接或焊接，确保在弯矩作用下节点的稳定性和刚度。

③增设外部支撑：在矩形钢管混凝土柱外部设置横向支撑结构，如剪力墙或支撑梁，限制其侧向变形，增强抗弯刚度。

④增设横向加劲肋：在钢管外部设置横向加劲肋，保证截面抗弯刚度与稳定性。

9-6　简要分析混凝土的强度对矩形钢管混凝土柱受压强度的影响。

答：对矩形钢管混凝土柱而言，混凝土强度等级在C50以下的钢管混凝土称为普通钢管混凝土，混凝土强度等级在C50以上的钢管混凝土称为钢管高强混凝土，混凝土强度等级在C100以上的钢管混凝土称为钢管超高强混凝土。对于矩形钢管混凝土结构而言，考虑其受力特性后可知，混凝土强度越高，则构件整体受压强度也就越高。相较于普通混凝土而言，高强度混凝土在压力作用下不易产生裂缝，可表现出更好的延性和韧性。对长细比较大的柱而言，高强度混凝土对柱的稳定性和承载力的提高也有显著作用。

总体而言，混凝土强度对矩形钢管混凝土柱的受压强度有着重要的影响，提高混凝土的强度不仅可以显著提高矩形钢管混凝土柱的受压强度，还对柱的延性、韧性与稳定性有一定的提升。

第 10 章　圆形钢管混凝土柱

思考题

10-1　圆形钢管混凝土柱中钢管和混凝土相互作用机制是什么?

答：圆形钢管对核心混凝土的套箍约束作用，使核心混凝土处三向受压状态，从而使核心混凝土有更高的抗压强度和压缩变形能力；内填混凝土对钢管有支撑作用，增强了钢管壁的局部稳定性，从而提高了其承载力。

10-2　统一理论和极限平衡理论各自的含义和计算方法是什么?

答：统一理论把钢管混凝土视为统一的组合材料，用组合性能指标计算其承载力和变形。圆形钢管混凝土柱的性能是随着钢材和混凝土的物理参数、构件的几何参数、应力状态和截面形式的改变而改变的，变化是连续的、相关的和统一的。统一理论计算方法，即把钢管混凝土柱视为统一体，基于大量的试验数据和分析数据，拟合得到系列计算参数，形成一套计算方法。

极限平衡理论认为钢管混凝土柱本质上就是由钢管对混凝土实行套箍强化的一种套箍混凝土(即约束混凝土)。钢管对核心混凝土的套箍作用，使核心混凝土处于三向受压状态，从而使核心混凝土具有更高的抗压强度和变形能力；而对于钢管壁，将其视为分布在核心混凝土周围的等效纵向钢筋，钢筋的面积根据钢管的截面积和形状而定。极限平衡理论计算方法，总体上将圆形钢管混凝土柱作为一种套箍约束强化的混凝土柱，并计算其达到极限平衡状态时的承载力大小。

10-3　圆形钢管混凝土柱的优缺点是什么?

答：(1)优点

①承载力高、质量轻。②具有良好的塑性和韧性。③制作、施工方便快捷。④耐火性能好。⑤经济效益好。

(2)缺点

①圆形钢管混凝土柱与 H 型钢梁的接触面为圆弧面，连接节点不便，节点构造较为复杂。②圆形钢管混凝土柱截面为圆形，在室内使用通常需要通过装修改成矩形，占用较多的室内空间。

10-4　套箍系数的含义是什么? 不同套箍系数水平对圆形钢管混凝土柱受力状态和破坏模式有什么影响?

答：套箍系数是反映钢管混凝土柱组合作用和受力性能的重要参数，反映钢管混凝土构件中钢管对混凝土约束作用的大小。

套箍系数宜限制在0.3～3.0。下限0.3是为了防止钢管对混凝土的约束作用不足而引起钢管混凝土构件脆性破坏；上限3.0则是为了防止因混凝土强度等级过低而导致构件在使用荷载作用下产生塑性变形。试验结果表明，当套箍系数满足0.3～3.0时，钢管混凝土构件在正常使用条件下处于弹性工作阶段，同时在达到极限荷载后仍具有足够的延性。

第 11 章　型钢混凝土剪力墙

思考题

11-1　型钢混凝土剪力墙可分为哪些类型？各类型之间有何区别？

答：型钢混凝土剪力墙按其截面形式可分为无边框型钢混凝土剪力墙与有边框型钢混凝土剪力墙。

区别：

①结构形式存在区别：无边框型钢混凝土剪力墙两端没有设置明柱；有边框型钢混凝土剪力墙周边设置有框架梁和框架柱，框架梁可以是型钢混凝土梁或钢筋混凝土梁。

②适用范围存在区别：无边框型钢混凝土剪力墙适用于剪力墙及核心筒结构；有边框型钢混凝土剪力墙适用于框架-剪力墙结构。

③承载力计算方式存在区别。

④构造要求存在区别：无边框型钢混凝土剪力墙端部型钢的配置，应使型钢强轴与墙轴线平行，以增强墙板的平面外刚度等；有边框型钢混凝土剪力墙水平分布钢筋应绕过或穿过边框柱型钢，且应满足钢筋锚固长度的要求等。

11-2　简要说明型钢混凝土剪力墙的基本构造要求。

答：有边框型钢混凝土剪力墙框架梁可以是型钢混凝土梁或钢筋混凝土梁，无框架梁时，应在相应位置设置钢筋混凝土暗梁，型钢剪力墙端部的型钢可采用 H 型钢、工字形钢或槽钢等。

在有边框型钢柱、梁现浇钢筋混凝土剪力墙中，为保证现浇混凝土剪力墙与边框型钢柱、梁的整体作用，其水平分布钢筋应绕过或穿过边框柱型钢，且应满足钢筋锚固长度的要求。当间隔穿过时，宜另加补强钢筋。边框柱中的型钢、纵向钢筋、箍筋配置应符合型钢混凝土柱的设计要求，应避免型钢混凝土剪力墙的平面外受弯。无边框剪力墙端部型钢的配置，应使型钢强轴与墙轴线平行，以增强墙板的平面外刚度。剪力墙的厚度、水平和竖向分布钢筋的最小配筋率以及端部暗柱、翼柱的箍筋、拉筋等构造要求，宜符合《混凝土结构设计规范》(2015 年版)(GB 50010—2010)和《高层建筑混凝土结构技术规程》(JGJ 3—2010)的规定。

型钢混凝土剪力墙设计应根据抗震设防要求，符合“强柱弱梁”“强剪弱弯”“强压弱拉”和“强节点弱构件”等抗震设计原则，以确保剪力墙具有良好的变形能力和较大的耗能能力。

11-3　简述型钢混凝土剪力墙抗剪承载力计算方法。

答：其抗剪承载力计算法详见教材 11.2 小节。

11-4　什么情况下可设置型钢混凝土剪力墙的边缘构件？边缘构件应如何设置？有哪些具体的构造措施？

答：部分框支剪力墙结构或当剪力墙轴压比超过一定限值时，应在底部加强部位和相邻上一层设置约束边缘构件，其他部位应设置构造边缘构件。轴压比小于限值时，可设置构造边缘构件。

特一、一、二、三级抗震等级的型钢混凝土剪力墙墙肢底截面在重力荷载代表值作用下轴压比大于教材表 11-1 所示的规定值时，包括部分框支剪力墙结构的剪力墙，其底部加强部位及其上一层墙肢端部应设置约束边缘构件。墙肢截面轴压比不大于教材表 11-1 所示的规定值时，可设置构造边缘构件。

边缘构件具体的构造措施：

①型钢混凝土剪力墙约束边缘构件的箍筋配置应符合最小体积配筋率的规定，箍筋体积配筋率的计算可计入箍筋、拉筋、水平分布钢筋，但水平分布钢筋的配置应满足相应的构造要求，且计入的数量不应大于总体积配筋率的 30%。

②型钢混凝土剪力墙端部约束边缘构件沿墙肢的长度 l_c、配箍特征值 λ_v 宜符合教材表 11-2 的规定。在约束边缘构件长度 l_c 范围内，阴影部分和非阴影部分的箍筋体积配筋率 ρ_v 应符合教材式(11-50)和式(11-51)的规定。

③特一、一、二、三级抗震等级的型钢混凝土剪力墙端部约束边缘构件的纵向钢筋截面面积分别不应小于教材图 11-5 中阴影部分面积的 1.4%、1.2%、1.0%、1.0%。

④型钢混凝土剪力墙约束边缘构件内纵向钢筋应有箍筋约束，当部分箍筋采用拉筋时，应配置不少于一道封闭箍筋。箍筋或拉筋沿竖向的间距，特一级、一级不宜大于 100 mm，二、三级不宜大于 150 mm。

⑤型钢混凝土剪力墙构造边缘构件的范围宜参照教材图 11-6 阴影部分采用，其纵向钢筋、箍筋的设置应符合教材表 11-3 所示的规定值。

11-5　简述型钢混凝土剪力墙墙体与连梁连接的构造措施。

答：当型钢混凝土剪力墙采用型钢混凝土连梁或钢板混凝土连梁时，为了保证其与混凝土墙体的可靠连接，规定了型钢和钢板伸入墙体的长度和栓钉设置等构造措施。

①剪力墙洞口连梁中配置的型钢或钢板，其高度不宜小于连梁高度的 70%，型钢或钢板应伸入洞口边，其伸入墙体长度不应小于 2 倍型钢或钢板高度；型钢腹板及钢板两侧应设置栓钉。

②对于栓钉的配置，抗剪栓钉的直径规格宜选用 19 mm 和 22 mm，其长度不宜小于 4 倍栓钉直径，水平和竖向间距不宜小于 6 倍栓钉直径且不宜大于 200 mm。栓钉中心至型钢翼缘边缘距离不应小于 50 mm，栓钉顶面的混凝土保护层厚度不宜小于 15 mm。

第 12 章　钢结构的制作与安装

思考题

12-1　钢结构的加工制作有哪些流程？

答：钢结构的加工制作流程包括：制作详图设计，钢材的订购与验收，钢材预处理，钢结构加工制作，构件的预拼装，除锈与涂装，检验，构件标识、包装和发运。

12-2　什么是钢结构的深化设计？

答：钢结构深化设计也叫钢结构制作详图设计、二次设计，是以设计单位设计施工图、计算书及其他相关资料(包括招标文件、答疑补充文件、技术要求、工厂制作条件、运输条件、现场拼装与安装方案、设计分区及土建条件等)为依据，依托专业软件平台，建立三维实体模型，开展施工过程仿真分析，进行施工过程安全验算，计算节点坐标定位调整值，并生成结构安装布置图、构件与零部件下料图和报表清单的过程。

12-3　钢结构零部件加工中切割的方法有哪些？

答：常用的钢材切割方法有机械切割、火焰切割(气割)、等离子切割等。机械切割指使用机械设备，如剪切机、锯切机、砂轮切割机等，对钢材进行切割，一般用于型材及薄钢板的切割。火焰切割(气割)指利用气体(氧气-乙炔、液化石油气等)火焰的热能将工件切割处预热到一定温度后，喷出高速切割氧流，使材料燃烧并放出热量实现切割的方法，主要用于厚钢板的切割。等离子切割是利用高温等离子电弧的热量使工件切口处的金属局部熔化(和蒸发)，并借高速等离子的动量排除熔融金属以形成切口的一种加工方法，通常用于不锈钢、铝、铜、铁、镍钢板的切割。切割时应严格遵守工艺规定。

12-4　简述钢结构焊缝施工质量检测的内容及其检测方法。

答：焊缝质量检测内容包括焊缝内部质量检测、焊缝外观质量检测、焊缝尺寸偏差检测和栓钉焊机焊接接头的质量检测。

焊缝质量检测方法和指标应按照《钢结构工程施工质量验收标准》(GB 50205—2020)和《钢结构焊接规范》(GB 50661—2011)的规定执行。

(1)焊缝内部质量检测

焊缝内部质量缺陷主要有裂纹、未熔合、根部未焊透、气孔和夹渣等，检验主要采用无损探伤的方法，一般采用超声波探伤，当超声波不能对缺陷作出判断时，应采用射线探伤。具体参见下列标准：《钢结构焊接规范》(GB 50661—2011)，《钢结构工程施工质量验收标准》(GB 50205—2020)，《焊缝无损检测　超声检测　技术、检测等级和评定》(GB/T 11345—2023)，《钢结构超声波探伤及质量分级法》(JG/ T 203—2007)，《金属熔化焊焊接接头射线照相》(GB/T 3323—2005)。

(2)焊缝外观质量检测

常见的焊缝表面缺陷如教材图 12-5 所示，其质量检验标准如教材表 12-12、表 12-13 所示。外观检验主要采用肉眼观察或使用放大镜观察，当存在疑义时，可采用表面渗透探伤(着色或磁粉)检验。

(3)焊缝尺寸偏差检测

焊缝尺寸偏差主要是采用焊缝尺寸圆规进行检验，如教材图 12-6 所示。焊缝焊脚尺寸、焊缝余高及错边等尺寸偏差应满足教材表 12-14 和表 12-15 的要求。

(4)栓钉焊机焊接接头的质量检测

采用专用的栓钉焊机所焊的接头，焊后应进行弯曲试验抽查，具体方法为将栓钉弯曲30°后焊缝及其热影响区不得有肉眼可见的裂纹。对采用其他电弧焊所焊的栓钉接头，可按角焊缝的外观质量和外形尺寸的检测方法进行检查。

12-5　钢结构实体和模拟预拼装的基本要求有哪些?

答：(1)钢结构实体预拼装的要求

①构件预拼装应在坚实、稳固的胎架上进行。

②预拼装中所有构件应按施工图控制尺寸，各杆件的重心线应交会于节点中心，并且不允许用外力强制交会。单构件预拼时，不论柱、梁、支撑，均应设置不少于两个支承点。

③预拼装构件控制基准、中心线应明确标示，并与平台基线和地面基线相对一致。控制基准应与设计要求基准一致，如需变换预拼装基准位置，应先得到工艺设计认可。

④所有需进行预拼装的构件，制作完毕后必须经质检员验收合格后才能进行预拼装。

⑤高强度螺栓连接件预拼装时，可采用冲钉定位和临时螺栓紧固，不必使用高强度螺栓。

⑥在施工过程中，错孔的现象时有发生。如错孔在 3.0 mm 以内时，一般采用绞刀铣或锉刀锉扩孔。孔径扩大不应超过原孔径的 1.2 倍；如错孔超过 3.0 mm，一般采用焊补堵孔或更换零件，不得采用钢块填塞。

⑦构件露天预拼装的检测时间，建议在日出前和日落后定时进行。所使用卷尺精度应与安装单位相一致。

⑧预拼装检查合格后，对上下定位中心线、标高基准线、交线中心点等应标注清楚、准确；对管结构、工地焊接连接处，除应标注上述标记外，还应焊接一定数量的卡具、角钢或钢板定位器等，以便按预拼装结果进行定位安装。

(2)钢结构模拟预拼装的要求

①首先依据构件结构尺寸特征，确定各关键测量点。测量点一般选择在构件各端面、牛腿端面等与其他构件相连的位置，且每端面应选择不少于 3 个测量点。

②构件应放置在稳定的平台上进行测量，并保持自由状态。测量时应合理选择测量仪

器架设点，以尽量减小转站带来的测量误差。

③通过计算机，利用测量数据生成实测构件模型。对实测构件模型和计算模型构件进行复模对比，如发现有超过规范要求的尺寸偏差应对实体构件进行修整。构件修整完成后，应重新进行测量、建模、复模等工作，直至构件合格为止。

④所有参与模拟预拼装的构件，必须经验收合格后才能进行预拼。

⑤预拼时应建立构件模拟预拼装坐标系，并根据该坐标系确定各构件定位基准点坐标。预拼时将预拼构件的各制作组件按实测坐标放入模拟预拼装坐标系的指定位置，检验各连接点尺寸是否符合要求，包括装配间隙、定位板位置、连接孔距等。

⑥构件模拟预拼装检查合格后，应对实体构件上下定位中心线、标高基准线、交线中心点等进行标注，以便按预拼装效果进行安装工作。

12-6　钢结构安装应具备哪些设计文件？

答：钢结构安装应具备钢结构设计图；建筑图、相关基础图、钢结构施工总图等。

12-7　钢结构安装前，图纸自审与会审应符合哪些规定？

答：(1)图纸自审

①熟悉并掌握设计文件内容。

②发现设计中影响构件安装的问题。

③提出与土建和其他专业工程的配合要求。

(2)图纸会审

专业工程之间的图纸会审，应由工程总承包单位组织，各专业工程承包单位参加，并符合下列规定：

①基础与柱子的坐标应一致，标高应满足柱子的安装要求。

②与其他专业工程设计文件无矛盾。

③确定与其他专业工程配合施工程序。

钢结构设计、制作与安装单位之间的图纸会审，应符合下列规定：

①设计单位应作设计意图说明和提出工艺要求。

②制作单位介绍钢结构主要制作工艺。

③安装单位介绍施工程序和主要方法，并对设计和制作单位提出具体要求和建议。

12-8　钢框架结构安装中，钢柱的校正是保证结构安装精度的基础，施工过程中如何对柱进行校正？

答：(1)首节钢柱校正

首节钢柱吊装就位以后对钢柱进行校正，钢柱校正要做三项工作：柱基标高调整、纵横向轴线校准、柱身垂直度调整。柱基标高调整一般是在柱底板下的地脚螺杆上加一个调整螺母，利用调整螺母控制柱子标高(教材图 12-10)。轴线与垂直度校准方式如教材图 12-11 所示，在两个方向利用经纬仪或全站仪校核轴线，同时采用缆风绳调整柱的垂直度。校准完成后拧紧地脚螺栓。柱校准完成后，用比基础混凝土标号高一个等级的细石混凝土，采用压力灌浆的方法进行二次灌浆。

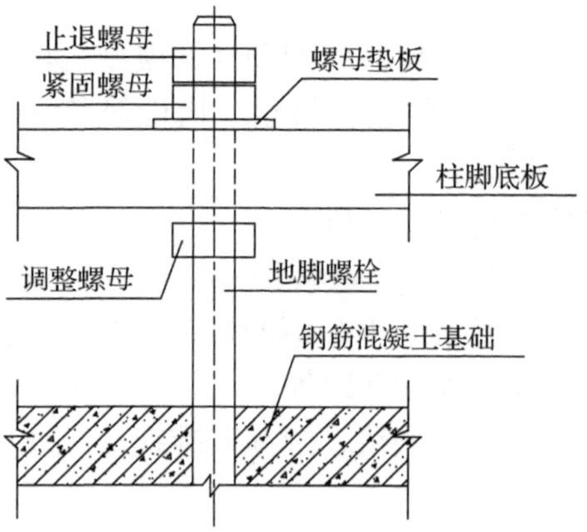

图 12-10　基础标高调整示意图

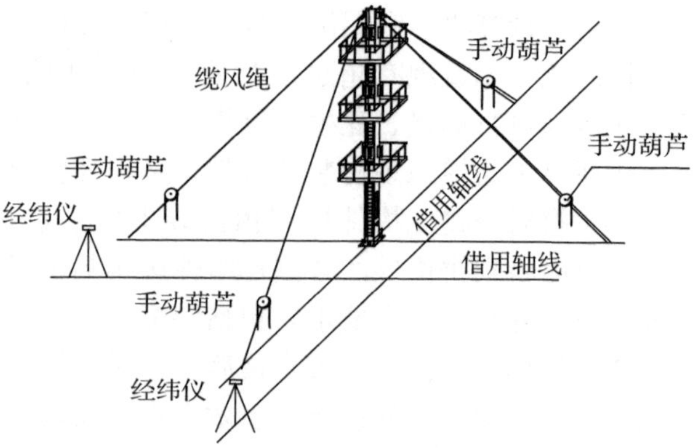

图 12-11　柱垂直度校准示意图

(2)首节以上钢柱的校正

上部钢柱吊装就位后采用连接耳板临时固定，按照先调整标高、再调整扭转、最后调整倾斜度的顺序。采用绝对标高控制方法，利用塔吊、钢楔、垫板、撬棍及千斤顶等工具将钢柱校正准确。形成框架后不再需要进行整体校正。

上部钢柱校正可采用无缆风绳校正方法，如教材图 12-12 所示。标高调整时利用塔吊吊钩的起落、用撬棍拨动调节上柱与下柱间隙直至符合要求，在上下耳板间隙中打入钢楔。扭转的调整是在上下耳板的不同侧面加垫板，再夹紧连接板即可达到校正扭转偏差的目的。钢柱的倾斜度通过千斤顶与钢楔进行校正，在钢柱偏斜的同侧锤击铁楔或微微顶升千斤顶，便可将倾斜度校正至规范要求。

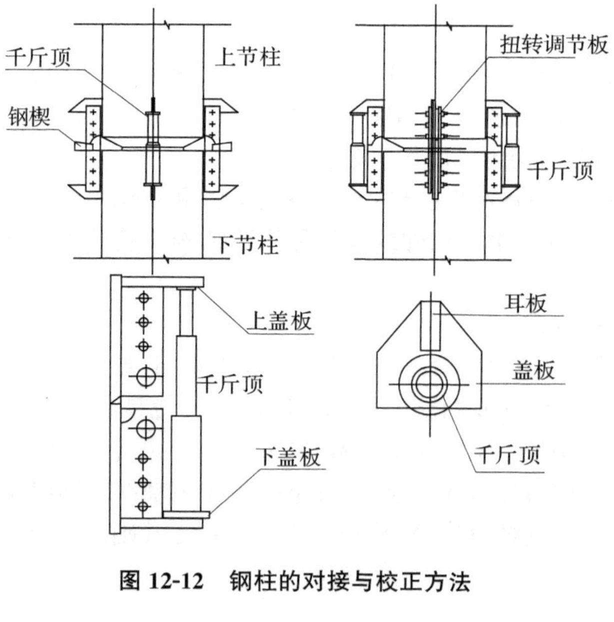

图 12-12　钢柱的对接与校正方法

12-9　钢结构厂房吊车梁安装的重点控制内容有哪些?

答：①钢吊车梁安装前，将两端的钢垫板先安装在钢柱牛腿上，并标出吊车梁安装的中心位置。

②钢吊车梁绑扎一般采用两点对称绑扎，在两端各拴一根溜绳，用以牵引钢梁防止吊装时碰撞钢柱。

③钢吊车梁吊起后，旋转起重臂杆使吊车梁中心线与牛腿的定位轴线对准，并待到将与柱子连接的螺栓上齐后，方可卸钩。

④钢吊车梁的校正，可按厂房伸缩缝分区分段进行校正，或在全部吊车梁安装完毕后进行一次总体校正。校正内容包括：标高、垂直度、平面位置(中心轴线)和跨距。标高校正采用精密水准进行校准，垂直度校正可采用线锤校正，中心线校准采用经纬仪自车间两头将地面上的吊车梁吊装中心线投影到两头的柱上，据此检查两头吊车梁的吊装误差。

12-10　钢屋架安装如何进行位置校正?

答：钢屋架安装就位后应进行容许偏差的校核，安装偏差应不超出教材表12-24规定的限值。屋架垂直度的校核可参考教材图12-16所示的方法进行，在屋架下弦的一侧拉一根通长钢丝，同时在屋架上弦中心线挑出一个同等距离的标尺，用线锤校正。也可用一台经纬仪，放柱顶一侧，与轴线平移距离 a，在对面柱子上同样设有一距离为 a 的点，从屋架中线处用标尺挑出距离 a，三点在一直线上，即可使屋架垂直。

表12-24　钢屋架安装允许偏差和检验方法

项次	项目		允许偏差/mm	检验方法
1	屋架跨中的垂直度		$h/250$，且不应大于15.0	用经纬仪或吊线和钢尺检查
2	屋架侧向弯曲矢高	$l\leqslant 30$ m	$l/1\,000$，且不应大于10.0	用拉线和钢尺检查
		30 m$<l\leqslant$60 m	$l/1\,000$，且不应大于30.0	
		$l>60$ m	$l/1\,000$，且不应大于50.0	
3	主体结构的整体垂直度		$h/1\,000$，且不应大于25.0	用经纬仪或吊线和钢尺检查
4	主体结构的整体平面弯曲		$l/1\,500$，且不应大于25.0	用拉线和钢尺检查
5	屋架支座中心对定位轴线		10	用钢尺检查
6	屋架间距		10	用钢进尺检查
7	屋架弦杆在相邻节点间平直度		$e/1\,000$，且不应大于5	用拉线和钢尺检查
8	檩条间距		±6	用钢尺检查

注：h 为屋架高度；l 为屋架长度；e 为弦杆在相邻节点间的距离。

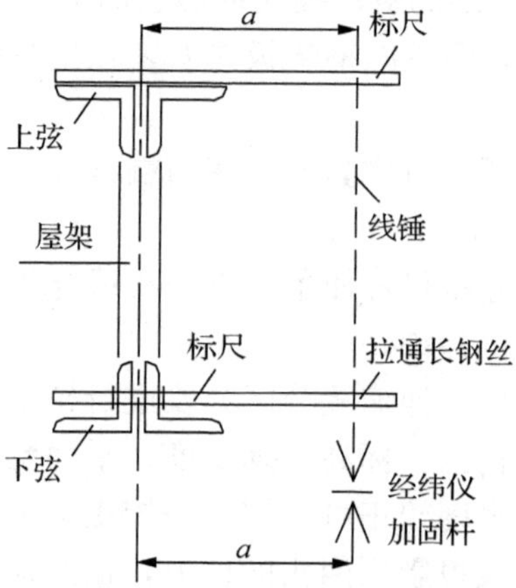

图 12-16　钢屋架垂直度校正示意图